ウニ・ヒトデ・ナマコ類

クレナイオオイカリナマコ
Opheodosoma sp.

ニセクロナマコ
Holothuria leucospirota Brandt

パイプウニ
Heterocentrotus mamillatus（Linnaeus）

ジャノメナマコ
Bohadschia argus Jäger

フタスジナマコ
Bohadschia bivittata（Mitsukuri）

オニヒトデ
Acanthaster planci（Linnaeus）

アオヒトデ　*Linckia laevigata*（Linnaeus）
ルソンヒトデ　*Echinaster luzonicus*（Gray）
ジュズベリヒトデ　*Fromia monilis* Perrier

マンジュウヒトデ
Culcita novaeguineae Müller & Troschel

トックリガンガゼモドキ
Echinothrix calamaris（Pallas）

ナガウニ
Echinometra mathaei（Blainville）

シラヒゲウニ
Tripneustes gratilla（Linnaeus）

ツマジロナガウニ
Echinometra sp.

ニセクロナマコ　*Holothuria leucospirota* Brandt
クロナマコ　*Holothuria atra* Jäger

ゴマフクモヒトデ
Ophiocoma dentata Müller et Troschel

エビ・カニ類

カルエボシ　*Lepas anserifera* Linnaeus

オトヒメエビ　*Stenopus hispidus*（Olivier）

イソギンチャクモエビ　*Thor amboinensis*（de Man）

イソギンチャクエビ　*Periclimenes brevicarpalis*（Schenkel）

オドリカクレエビ　*Ancylomenes magnificus*（Bruce）

アカホシカクレエビ　*Periclimenes holthuisi* Bruce

テナガサラサエビ　*Rhynchocinetes hendersoni* Kemp

ヨコシマエビ　*Gnathophyllum americanum* Guérin-Méneville

キサンゴカクレエビ　*Pontonides* sp.

トガリモエビ　*Tozeuma lanceolatum* Stimpson

エビ・カニ類

ヤシガニ　*Birgus latro*（Linnaeus）

ムラサキオカヤドカリ　*Coenobita purpureus* Stimpson

オカガニ　*Discoplax hirtipes* Dana

ムラサキオカガニ　*Gecarcoidea lalandii* H.Milne Edwards

カクレイワガニ　*Geograpsus grayi*（H. Milne Edwards）

イワトビベンケイガニ　*Metasesarma obesum*（Dana）

ベンケイガニ　*Sesarmops intermedius*（De Haan）

アシハラガニ　*Helice tridens*（De Haan）

ミナミアシハラガニ　*Pseudohelice subquadrata*（Dana）

ツノメガニ　*Ocypode ceratophthalmus*（Pallas）

エビ・カニ類

オキナワハクセンシオマネキ　*Austruca perplexa* (H. Milne Edwards)　　シモフリシオマネキ　*Austruca triangularis* (A. Milne Edwards)

ベニシオマネキ　*Paraleptuca crassipes* (White)　　ヒメシオマネキ　*Gelasimus vocans* (Linnaeus)

ヤエヤマシオマネキ　*Tubuca dussumieri* (H. Milne Edwards)　　リュウキュウシオマネキ　*Tubuca coarctata* (H. Milne Edwards)

　　　　　　　　　　　　　　　　　　　　　　　　　　キンチャクガニ　*Lybia tessellata* (Latreille)

ミナミコメツキガニ　ゼブラガニ　　　　　　　　　　ウミハリネズミ　*Hirsutodynomene spinosa* (Rathbun)
Mictyris guinotae Davie, Shih & Chan　*Zebrida adamsii* White

iv

サンゴの仲間とその周り

礁池（陸側）の枝状サンゴ群集

礁池の葉状サンゴ群集

礁池（沖側）のサンゴ群集

マイクロアトール

礁斜面のサンゴ群集

サンゴ礁の魚たち（礁縁）

サンゴの根に集まる魚たち

内湾（海峡内）のサンゴ群集

内湾（湾奥）のサンゴ群集

白化しかけているサンゴ群集

白化し枯死したサンゴ群集

凹地にできたガレ場、カタマ

サンゴ礁洞窟

サンゴの仲間とその周り

アオサンゴ　*Heliopora coerulea*

ホソエダアナサンゴモドキ
Millepora intricata

イソコンペイトウガニ
Hoplophrys oatesii

イワスナギンチャク
Palythoa tuberculosa

イワホリイソギンチャク
Telmatactis sp.

テルピオス海綿　*Terpios hoshinota*

テルピオス海綿　*Terpios hoshinota*

テルピオス海綿　*Terpios hoshinota*

ミドリイシ属未同定種
unidentified *Acropora* sp.

サンゴの産卵

ミドリイシ骨格

サンゴに共生する褐虫藻

サンゴの刺胞　光学顕微鏡で300倍に拡大

環形動物（1-7）と半索動物（8）

（1）スジホシムシモドキ属の一種　*Siphonosoma* sp.　　（2）タテジマユムシ　*Listriolobus sorbillans*（Lampert）

（3）ナマコウロコムシ　*Gastrolepidia clavigera* Schmarda　（4）ケヤリムシ科の一種　Sabellidae gen. sp.

（5）イトメ　*Tylorrhynchus osawai*（Izuka）　　（6）ヒメヤマトカワゴカイ　*Hediste atoka* Sato & Nakashima

（7）イソゴカイ属の一種　*Perinereis* sp.　　（8）ヒメギボシムシ　*Ptychodera flava* Eschscholtz

海藻・海草

ヒトエグサ *Monostroma nitidum* Wittrock

イチイヅタ *Caulerpa taxifolia* (M. Vahl) C. Agardh

クビレヅタ *Caulerpa lentillifera* J. Agardh

カサノリ *Acetabularia ryukyuensis* Okamura et Yamada

(右)アツバモク *Sargassum aquifolium* (Turner) C. Agardh と
(左)キレバモク *Sargassum alternato pinnatum* Yamada

タマキレバモク *Sargassum polyporum* Montagne

ラッパモク *Turbinaria ornata* (Turner) J. Agardh

オキチモズク（淡水紅藻）*Nemalionopsis tortuosa* Yoneda et Yagi

海藻・海草

オキナワモズク *Cladosiphon okamuranus* Tokida

シマチスジノリ *Thorea gaudichaudii* C.Agardh

ソゾノハナ *Laurencia brongniartii* J. Agardh

ハナフノリ *Gloiopeltis complanata*（Harvey）Yamada

マクリ
Digenea simplex（Wulfen）C. Agardh

ユミガタオゴノリ
Gracilaria arcuata Zanardini

オオウミヒルモ（海草）
Halophila major（Zollinger）Miquel

リュウキュウスガモ（海草）
Thalassia hemprichii（Ehrenberg）Ascherson

リュウキュウアマモ（海草）
Cymodocea serrulata（R. Brown）Ascherson et Magnus

ウミジグサ（海草）
Halodule uninervis（Forsskål）Ascherson

魚類

ゲンロクザメ *Centrophorus tessellatus*

ドクウツボ *Gymnothorax javanicus*

チュラブシホウネンエソ *Polyipnus ovatus*

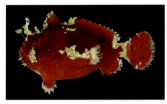
ウルマカエルアンコウ *Antennarius coccineus*

ウケグチイットウダイ *Neoniphon sammara*

キリンミノ *Dendrochirus zebra*

ニライカサゴ *Scorpaenopsis diabolus*

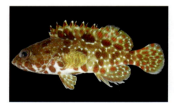
イシガキハタ *Epinephelus hexagonatus*

キンギョハナダイ *Pseudanthias squamipinnis*

リュウキュウニセスズメ *Pseudochromis cyanotaenia*

魚類

ロウニンアジ *Caranx ignobilis*

ハチジョウアカムツ *Etelis carbunculus*

ウメイロモドキ *Caesio teres*

アマミフエフキ *Lethrinus miniatus*

マルクチヒメジ *Parupeneus cyclostomus*

トゲチョウチョウウオ *Chaetodon auriga*

ニシキヤッコ *Pygoplites diacanthus*

カクレクマノミ♀ *Amphiprion ocellaris*

スジベラ *Coris dorsomacula*

オオモンハゲブダイ *Chlorurus bowersi*

魚類

エリマキヘビギンポ♂ *Enneapterygius flavoccipitis*

ゴイシギンポ *Ecsenius oculus*

セソコテグリ *Neosynchiropus morrisoni*

ホムラハゼ *Discordipinna griessingeri*

サザナミハギ *Ctenochaetus striatus*

キハダ *Thunnus albacares*

モンダルマガレイ *Bothus mancus*

イソモンガラ *Pseudobalistes fuscus*

ミナミハコフグ *Ostracion cubicus*

シボリキンチャクフグ *Canthigaster janthinoptera*

奄美群島の
水生生物

山から海へ　生き物たちの繋がり

鹿児島大学生物多様性研究会 編

南方新社

はじめに

　2018年5月、日本国民とりわけ鹿児島県民にとっては残念なニュースが世界自然保護連合（IUCN）からもたらされた。奄美群島の世界遺産一覧表への「記載延期」というものであった。これを受けて日本政府は同年6月に推薦をいったん取り下げ、再度、11月に「奄美大島、徳之島、沖縄島北部及び西表島」を平成30年度の推薦候補とした。世界遺産登録という活動に関しては様々な考え、意見があるが、遺跡であれ、建築物であれ、そして自然であれ、それぞれの持っている価値、後世に伝えるべき価値は不変であるし、奄美群島の自然にこの価値があるという点ではだれもが賛同するところである。

　鹿児島大学では、多くの研究者が奄美群島を含む薩南諸島を対象とした研究に取り組んできたが、近年、研究の活性化と蓄積された成果のより広範な公表に向けて、奄美地域の生物多様性研究を重点研究領域に指定した。2015年には国際島嶼教育研究センター奄美分室が開設され、情報収集と研究支援の体制が充実したことから、より地域に密着した研究が機動的に行われるようになった。最近の研究成果は、鹿児島大学生物多様性研究会の企画によって、2016年3月に「奄美群島の生物多様性」が、2017年3月に「奄美群島の外来生物」が、そして2018年3月に「奄美群島の野生植物と栽培植物」（いずれも南方新社刊）が発刊された。本書はその4冊目にあたり、奄美群島など南西諸島の海や河川などの水域に生息する生物についてまとめたものである。

　従来、地域の自然を解説した書籍では、生物群ごとにまとめた図鑑的な体裁のものが多くみられる。しかしながら、本書では視点を生息環境に置き、生息場所（ハビタット）ごとにまとめ、そこに住む生物とその生業、生き方を分かりやすく書くことに重点を置いた。すなわち、雲が雨となり、山林・陸地に降った水が川を経て海へ流れ込み、太陽の熱で蒸発して雲になり、再び雨として降るという水の循環をイメージし、「陸水に暮らす生き物たち」（第2部）、「海辺で暮らす生き物たち」（第3部）、「海中で暮らす生き物た

ち」（第4部）の順で解説し、第1部では生物地理学的特徴を「南西諸島の生物地理」として解説した。また、各部の第1章ではそれぞれの水域・地域における生息場所の特性についても解説した。

　本書の中で、川下り（第2部第2章）をするもよし、海へ行き、サンゴ礁（第4部第2章）や藻場（第4部第3章）でダイビングをするもよし、あるいは磯（第3部第4章）や干潟・マングローブ（第3部第3章）でのんびりと生き物たちと戯れるのもよし、読者の好きなところ、興味ある所から読めるよう本書を構成した。自然を愛する人が、奄美群島の川や海、そしてその周辺の生息場所に訪れたとき、そこで目にする主な生物とその営み、相互関係を知る手助けになる本であることを主眼とした。しかしながら、限られた紙面、限られた時間、限られた人材ですべての水生生物を扱うことは出来ず、水生昆虫、両生類、ウニ・ヒトデ類など一部の動物群が欠落している点はご容赦願いたい。なお本書の研究の多くは鹿児島大学が進めている「薩南諸島の生物多様性とその保全に関する教育研究拠点整備」、日本学術振興会の科研費「基盤A 26241027」などの予算によって行われた。これらの研究は、国、県、関係市町村の担当者、各種事業者、民間団体や研究家など多くの方々のご協力によってなされた。これらの方々に深謝する。

鹿児島大学生物多様性研究会
編集者　佐藤正典・鈴木廣志＊・寺田竜太・藤井琢磨・山本智子
（あいうえお順。＊；編集代表）

目次

はじめに 3

第1部　南西諸島の生物地理 7
　1．魚類にみる生物地理 8
　2．陸水産甲殻十脚類にみる生物地理 12

第2部　陸水に暮らす生き物たち 23
第1章　陸水域にみられる生息場 24
第2章　陸水域に暮らす生き物たち 31
　1．渓流・上流域 31
　2．中流域・下流域 37
　3．河口域（汽水域） 43
　4．後背地のエビ・カニ類 46
　5．暗川、湧水池のエビ・カニ類 49
　6．陸水域の紅藻類 50

第3部　海辺で暮らす生き物たち 57
第1章　海辺にみられる生息場 58
第2章　潮上帯から陸域で暮らす生き物たち 61
　1．飛沫転石帯に出現する甲殻十脚類 62
　2．内陸域に出現する甲殻十脚類 70
　3．飛沫転石帯の今後；終わりにあたって 72
第3章　干潟・マングローブで暮らす生き物たち 75
　1．奄美大島の干潟に生息する底生生物 75
　2．マングローブ林の底生生物 86
　3．奄美大島住用マングローブ林と干潟に生息する貝類 94
　　　──シレナシジミとリュウキュウザクラを例に──
　4．奄美群島などのマングローブ林干潟に生息するウミニナ類と
　　　その生活史 99
　5．奄美群島の海辺に生息する環形動物 106

コラム1　落葉した北限のマングローブ林　132

第4章　磯（岩礁潮間帯）・礁原に暮らす生き物たちと環境　134
　1. 磯の環境　134
　2. 磯の様々な環境と生物　135
　3. 磯に暮らす生物の不思議な生き方　139

第4部　海中で暮らす生き物たち　145

第1章　海中にみられる生息場　146

第2章　サンゴ礁で暮らす生き物たち　154
　1. サンゴ礁とサンゴ　154
　2. 礁池内で見られる生き物たち　158
　3. 礁嶺から礁斜面にかけて見られる生き物たち　161
　4. サンゴと共生する生き物たち　163
　5. サンゴに害なす生き物たち　165
　6. サンゴ礁に連なる環境の例、礫底　167
　7. サンゴ礁に連なる環境の例、砂泥底　169

コラム2　奄美の海でパラモンを探せ！　176

第3章　藻場で暮らす生き物たち　184
　1. 海藻と海草　184
　2. 藻場　186
　3. 奄美群島に見られる藻場の種類　186
　4. 奄美群島に見られる代表的な海藻類　189
　5. アマモ場に見られる代表的な海草類　193
　6. 海藻類の分布と生育環境の多様性　195
　7. 藻場内外で見られる動物たち；特に甲殻類を中心として　197
　8. おわりに　203

第4章　水塊で暮らす生き物たち　208

コラム3　海の宝探し 　―海綿からの毒や薬となる化学物質の探索―　224

コラム4　魚類の神経系の多様なかたち　229

和文索引　231
英文・学名索引　238
著者紹介　242

第 1 部

南西諸島の生物地理

1. 魚類にみる生物地理

　種や属、科などのさまざまな分類群において、それらが生息する場所の広がりを分布という。魚類の分布はその生態的特徴や環境、地史などの影響をうけ、また種分化や絶滅などの進化の歴史の上に形成される（本村 2018a）。魚類において、ある特定の海域の生物地理学的特徴を明らかにするためには、その海域と周辺海域の魚類相を把握することが必要不可欠である。魚類相とはある特定の水域や環境に生息するすべての魚類の種組成のことであり、種の同定に基づき決定される（本村 2018b）。魚類相はふつう個体数や優占度などの量的評価を含まないが、生物地理学や生態学的研究を行ううえで魚類相の把握は必要不可欠である。また複数の水域の魚類相を比較し、地史的イベントや環境と照らし合わせることによって魚類相形成のメカニズムを解明することができる。

　南西諸島は旧北区と東洋区の二つの生物地理区にまたがって南北に広がっている。このように二つの生物地理区にまたがって位置する諸島は他に知られていない。旧北区は南アジアと東南アジアを除くユーラシア大陸全域とアフリカ北部に広がる地域で、東洋区は南アジアから東南アジア、中国南部にいたる地域が含まれる。日本における両地理区の境界線はトカラ海峡に位置し、ここを渡瀬線とよぶ。具体的には、大隅諸島以北は旧北区、奄美群島や沖縄諸島などは東洋区に属する。トカラ海峡は水深 1,000 m にもおよび、更新世前期に琉球列島と大陸が陸橋としてつながった時代でも海峡のままであった。そのため、陸上動物はトカラ海峡（渡瀬線）を境に南北に移動できなかったと考えられている。例えば、ニホンザルが大隅諸島を分布の南限とし、アマミノクロウサギやハブの仲間が奄美大島以南に分布することがよく知られている。魚類の場合は、屋久島を南限とするアユや奄美大島を北限とするリュウキュウアユ（沖縄本島では絶滅）などが知られているが、これらは海と河川を行き来する両側回遊魚であり、トカラ海峡が陸続きにならなかったことが分布の拡大を妨げたとは考えられない。むしろトカラ海峡を横断する黒潮が分散の障壁および種分化を誘発する遺伝的交流の障壁となった

ものと考えられている。

　南西諸島の魚類相は、黒潮とそれを取り巻く複雑な海流によって創り出されている（本村 2015）。黒潮は幅約 100 km、最大流速毎秒 2 m 以上の強大な海流で、赤道の北方を西向きに流れる北赤道海流を起源とし、フィリピンの東方で北に流路を変え、台湾と八重山諸島の間を抜け、東シナ海の陸棚斜面上を北上する。その後、トカラ海峡を横切って太平洋に抜け、再び流路を北に向けて宮崎県南部沖、高知県沖を通過する。最近まで、海水魚の南西諸島における生物地理境界線は、淡水魚や多くの陸上動物と同様にトカラ列島（渡瀬線）に位置すると考えられていた（本村 2015、2016）。しかし、ここ数年の学術調査によって、同境界線は「屋久島」と「硫黄島・竹島・種子島」の間の大隅諸島に位置することが明らかにされた（本村 2013-2016）。この生物地理境界線"大隅線"の北側は、小笠原諸島、伊豆諸島、房総半島から九州にかけての太平洋沿岸、大隅諸島の硫黄島・竹島、および種子島まで、南側は屋久島以南の奄美群島や沖縄諸島、八重山諸島までである。これら二つの魚類相を分ける"大隅線"は膨大なデータに基づく統計学的検討によって証明された（松浦・瀬能 2012；本村 2012）。

　さらに、南日本と南西諸島各地に出現する優占科（帰属する出現種数が多い科）の順位や各科の包含種数がその海域に生息する全種数に占める割合の比較結果も上記区分と完全に一致することが明らかになった（Motomura 2016）。また、種レベルでみても、日本本土や種子島に分布するアカエイ *Hemitrygon akajei*（Bürger）やオニカサゴ *Scorpaenopsis cirrosa*（Thunberg）、ホンベラ *Halichoeres tenuispinis*（Günther）、カサゴ *Sebastiscus marmoratus*（Cuvier）、マハゼ *Acanthogobius flavimanus*（Temminck & Schlegel）、ヒラメ *Paralichthys olivaceus*（Temminck & Schlegel）などは、屋久島や奄美群島以南には出現しないことが確認されている（本村ほか 2013；Motomura 2017；Motomura and Harazaki 2017）。

　種子島と屋久島は 20 km ほどしか離れていないが、上述のように両島間に分布の境界線があり、前者には温帯系、後者には熱帯系の魚が優占する。これは、黒潮が屋久島南方海域で北向きから東向きに流路を変える際、黒潮に乗っている多くの魚類（卵を含む）が流路の向きが変わるコーナーのところ

でいわば遠心力によって屋久島に振り落とされているからと考えられている。同じように黒潮の流路に位置する種子島に熱帯系の魚類が少ないのは、種子島に向いた流路のコーナーがないため、南方から運ばれてきた魚が振り落とされにくいからと考えられている（本村 2018c）。

　奄美群島の魚類については、もともと研究が盛んであり、研究の歴史も明治時代に遡るほど古いものの、これまで包括的な魚類相の研究がされていなかった。つまり、珍しい魚ほど研究の対象となり、論文が出版されていたが、奄美群島にごく普通に生息する魚についてはほとんど分かっていなかったのである。2014 年以降、奄美群島を構成する各島における詳細な魚類相が報告されはじめた。与論島からは 702 種が（本村・松浦 2014；Motomura 2016）、徳之島からは 505 種が記録され（Mochida and Motomura 2018）、奄美大島からは 1,615 種が報告された（Nakae et al. 2018）。さらに喜界島や加計呂麻島、沖永良部島を含む奄美群島内の 10 島から採集された魚類の図鑑が出版され、1321 種が紹介された（本村ほか 2019）。近年明らかにされつつある奄美群島の魚類相は沖縄諸島のそれと酷似していることが分かってきた（出現種類似度 61.8%；Nakae et al. 2018）。

　奄美群島の魚類相は主に熱帯性・亜熱帯性魚類で構成されるが、同群島の西方沖を流れる黒潮の反流（分枝流）によって台湾や中国沿岸に生息するイラ *Choerodon azurio*（Jordan & Snyder）やアオブダイ *Scarus ovifrons* Temminck & Schlegel などの温帯性魚類も運搬され、群島内で散見される。また、黒潮と北赤道海流の間に小笠原諸島から南西諸島に向かう不規則な海流があると言われており、この海流に乗って魚類が小笠原諸島から奄美群島に供給されている可能性も高い。小笠原諸島周辺の固有種であるトンプソンチョウチョウウオ *Hemitaurichthys thompsoni* Fowler やユウゼン *Chaetodon daedalma* Jordan & Fowler（ともにチョウチョウウオ科）が南大東島などで見られることからも小笠原諸島から南西諸島に向かう海流が魚類の分散に一役買っていることを裏付けている。

　奄美群島と沖縄諸島の魚類相は互いに良く似ているため、奄美群島に固有の魚類は極めて少ない。"現時点における"奄美群島の固有種は、シノハラリュウキュウイタチウオ *Alionematichthys shinoharai* Møller & Schwarzhans（ア

カネイタチウオ科・奄美大島・加計呂麻島）、リュウキュウハナダイ *Pseudanthias taira* Schmidt（ハタ科・奄美大島）、ホシレンコ *Amamiichthys matsubarai*（Akazaki）（タイ科・奄美大島・喜界島）、クシヨリメハゼ *Cabillus pexus* Shibukawa & Aizawa（ハゼ科・奄美大島）、ザクロイソハゼ *Eviota rubrimaculata* Suzuki, Greenfield & Motomura（ハゼ科・与論島）、オオメチヒロハゼ *Obliquogobius megalops* Shibukawa & Aonuma（ハゼ科・奄美大島）、およびスナハゼ *Kraemeria sexradiata* Matsubara & Iwai（スナハゼ科・奄美大島）の7種である。しかし、分類学的な問題があり正体が明らかではないリュウキュウハナダイとスナハゼ（詳細は、本村 2016）、そしてホシレンコを除く種は、どれも近年新種として記載された魚で、採集が困難な小型魚類であるため、これらの種は将来奄美群島外からも生息が確認されると思われる。以前、奄美大島固有であると考えられていたアマミホシゾラフグ *Torquigener albomaculosus* Matsuura（フグ科）も沖縄島における生息が確認されている（園山ほか 2018）。タイ科のホシレンコは、おそらく唯一の奄美大島周辺海域の固有種である。ホシレンコは奄美大島や喜界島の水深50〜100 m付近に生息し、地元では重要な水産魚種である。海水魚でこれほど分布域が狭い種は珍しく（本村 2015）、ホシレンコがどのような歴史的経緯と種分化の過程を経て奄美大島周辺にのみ生息しているのかは、まったく分かっていない。

　奄美群島の純淡水魚類相は貧弱であるが、フナ属（コイ科）やタウナギ属（タウナギ科）は南西諸島の固有種である可能性が指摘されており、また、両側回遊のヨシノボリ類から独自に進化したキバラヨシノボリ *Rhinogobius* sp. YB（ハゼ科）などは島嶼における種分化を研究する上で重要な魚である（立原 2018）。沖永良部島に遺存的に生息しているタイワンキンギョ *Macropodus opercularis*（Linnaeus）（ゴクラクギョ科）は、その由来（在来か外来かなど）がいまだに分かっていない。これらの進化生物学的に重要な淡水魚の奄美群島における保全は喫緊の課題である。

2. 陸水産甲殻十脚類にみる生物地理

　南西諸島はユーラシア大陸の東側縁辺に位置するがゆえに、生物地理学的にとても興味ある地域である。魚類の項でも述べられているように、本地域には生物地理学で言われる旧北区と東洋区の境界線が認められ、昆虫類の分布から設定された三宅線が大隅海峡に、ほ乳類、爬虫類、両生類の分布から設定された渡瀬線がトカラ海峡に、そして、鳥類相によって宮古海峡に蜂須賀線がある（安間 2001）。また、北赤道海流を起源とする黒潮が奄美群島の西側（東シナ海側）を北上した後、トカラ海峡付近で東向きに転じ、大隅諸島の東側（太平洋側）を北上している。一方で、南西諸島で一二の大きさを競う沖縄本島（約1200平方キロ）や奄美大島（約720平方キロ）ですら普通の意味での「湖」がない。同時に、流程の長い河川もなく、湧水池を除いて止水域や止水域に準ずる緩やかな流れの水域がほとんどない地域でもある。

　これら地理的位置や海況特性、更に島嶼・陸水域の規模などは、南西諸島の陸水域に生息する甲殻十脚類（エビ類、ヤドカリ類、カニ類）の存否に大きくかかわってくる。すなわち、旧北区や東洋区に起源を持つ種の混在が予想される（朝倉 2011）とともに、黒潮が運ぶ南方系の通し回遊種幼生の移入などによる新たな種の定着が考えられる。また、止水域がほとんど無いことは、エビ類における種分化の可能性の低さや、止水域を好む種（例えばカワリヌマエビ属）が少ないことを連想させる。一方で、純淡水種であるサワガニ類では島嶼が海で隔離されることによる多様な種分化を予想させる。

　現在、南西諸島の陸水域で確認されている甲殻十脚類は4科21属77種で（林 2011；鈴木 2016、表1-1）、各種の出現状況を見ると、1）大隅海峡（三宅線）が境界線となる種、2）トカラ海峡（渡瀬線）が境界線となる種、3）奄美諸島－沖縄諸島間の海域が境界線となる種、4）宮古海峡（蜂須賀線）が境界線となる種、5）八重山諸島以南に生息する種、6）南西諸島全域に生息する種、そして7）特定の島嶼に生息する種が確認できる。このように陸水産甲殻十脚類の分布でも、既存の生物地理学的境界線が当てはまる種がい

る。しかし、それぞれの分布状況を示す種数には差があり、三宅線を南限とする種はミナミヌマエビ *Neocaridina dendiculata* (De Haan)、テナガエビ *Macrobrachium nipponense* (de Man)、及びミカゲサワガニ *Geothelphusa exigua* Suzuki & Tsuda の3種で、北限とする種はフトユビスジエビ *Palaemon macrodactylus* Rathbun、イッテンコテナガエビ *Palaemon concinnus* Dana、オオテナガエビ *Macrobrachium grandimanus* (Randall)、スベスベテナガエビ *Macrobrachium equidens* (Dana)、ツブテナガエビ *Macrobrachium gracilirostre* (Miers)、及びニセモクズガニ *Utica gracilipes* White の6種である。渡瀬線を南限とする種は、スジエビ *Palaemon paucidens* De Haan とサワガニ *Geothelphusa dehaani* (White) の2種で、北限とする種はミナミオニヌマエビ *Atyoida pilipes* (Newport)、コテラヒメヌマエビ *Caridina celebensis* de Man、サキシマヌマエビ *Caridina prashadi* Tiwari & Pillai、アシナガヌマエビ *Caridina rubella* Fujino & Shokita、スネナガエビ *Palaemon debilis* Dana、ネッタイテナガエビ *Macrobrachium placidulum* (de Man)、ハチジョウヒライソモドキ *Ptychognathus hachijyoensis* Sakai、及びヒラモクズガニ *Utica borneensis* de Man の8種である。スジエビについては奄美諸島及び沖縄諸島でも採集の記録があるが（表1-1）、奄美諸島の採集個体が稚エビのみであることから偶来的出現と考えられ、沖縄諸島の記録は人為的移入とも考えられるので、両地域における採集記録は生息分布とは判断しなかった。

　奄美諸島－沖縄諸島間の海域を境とする種には南限種は認められず、この海域を北限とする種は、チカヌマエビ *Halocaridinides trigonophthalma* (Fujino & Shokita)、ナガツノヌマエビ *Caridina gracilirostris* de Man、リュウグウヒメヌマエビ *Caridina laoagensis* Blanco、及びヒラアシテナガエビ *Macrobrachium latidactylus* (Thallwitz) の4種である。蜂須賀線を南限とする種はヒメヒライソモドキ *Ptychognathus capillidigitatus* Takeda 1種で、北限とする種はドウクツヌマエビ *Antecaridina lauensis* (Edmondson) の1種である。八重山諸島を南限とする種はおらず、北限とする種はマングローブヌマエビ *Caridina propinqua* de Man とカスリテナガエビ *Macrobrachium lepidactyloides* (de Man) の2種である。

　一方、南西諸島全域あるいはそれ以南にも生息する種としては、ヌマエビ

第 1 部　南西諸島の生物地理

表 1-1. 南西諸島における陸水産甲殻十脚類の生物地理

科	和名	学名	九州島
ヌマエビ科	ドウクツヌマエビ	Antecaridina lauensis	−
Atyidae	ヌマエビ	Paratya compressa	+
	チカヌマエビ	Halocaridinides trigonophthalma	−
	オニヌマエビ	Atyopsis spinipes	+
	ミナミオニヌマエビ	Atyoida pilipes	−
	トゲナシヌマエビ	Caridina typus	+
	ミゾレヌマエビ	C. leucosticta	+
	ヤマトヌマエビ	C. multidentata	+
	ヒメヌマエビ	C. serratirostris	+
	ツノナガヌマエビ	C. grandirostris	+
	コテラヒメヌマエビ	C. celebensis	−
	サキシマヌマエビ	C. prashadi	−
	アシナガヌマエビ	C. rubella	−
	ナガツノヌマエビ	C. gracilirostris	−
	リュウグウヒメエビ	C. laoagensis	−
	マングローブヌマエビ	C. propinqua	−
	ミナミヌマエビ	Neocaridina denticulata	+
	コツノヌマエビ	N. brevirostris	−
	イシガキヌマエビ	N. ishigakiensis	−
	イリオモテヌマエビ	N. iriomotensis	−
テナガエビ科	スジエビ	Palaemon (P.) paucidens	+
Palaemonidae	フトユビスジエビ	P. (P.) macrodactylus	−
	イッテンコテナガエビ	P. (P.) concinnus	−
	スネナガエビ	P. (P.) debilis	−
	テナガエビ	Macrobrachium nipponense	+
	ザラテテナガエビ	M. australe	+
	ヒラテテナガエビ	M. japonicum	+
	コンジンテナガエビ	M. lar	+
	ミナミテナガエビ	M. formosense	+
	コツノテナガエビ	M. latimanus	+
	オオテナガエビ	M. grandimanus	−
	スベスベテナガエビ	M. equidens	−
	ツブテナガエビ	M. gracilirostre	−
	ネッタイテナガエビ	M. plasidulum	−
	ヒラアシテナガエビ	M. latidactylus	−
	ウリガーテナガエビ	M. miyakoense	−
	カスリテナガエビ	M. lepidactyloides	−
	ショキタテナガエビ	M. shokitai	−
	チュラテナガエビ	M. sp.	−
サワガニ科	サワガニ	Geothelphusa dehaani	+
Potamonidae	ミカゲサワガニ	G. exigua	+

甑列島	宇治群島	大隅諸島	トカラ列島	奄美群島	沖縄諸島	宮古島	八重山諸島	台湾
−	−	−	−	−	−	+	+	+
−	−	+	+	+	+	−	+	+
−	−	−	−	−	+	+	+	+
−	−	+	+	+	+	−	+	+
−	−	−	−	+	+	−	+	+
+	−	+	+	+	+	+	+	+
−	−	+	−	+	+	−	+	+
+	+	+	+	+	+	−	+	+
−	−	−	+	+	+	+	+	+
−	−	−	−	+	+	−	+	+
−	−	−	−	−	+	+	+	+
−	−	−	−	+	+	+	+	+
−	−	−	−	+	+	+	−	+
−	−	−	−	−	+	−	+	+
−	−	−	−	−	+	−	+	+
−	−	−	−	−	−	−	−	−
−	−	−	−	−	−	−	+	−
−	−	−	−	−	−	−	+	+
−	−	+	−	+	+	−	−	−
−	−	+	−	+	+	−	+	+
−	−	+	−	−	+	−	+	−
−	−	−	−	+	+	−	+	+
−	−	−	−	−	−	−	−	−
−	−	−	+	+	+	−	+	+
+	−	+	+	+	+	+	+	+
−	−	+	+	+	+	+	+	+
−	−	−	+	+	+	+	+	+
−	−	−	+	+	−	−	+	+
−	−	−	+	+	+	−	+	+
−	−	−	+	+	+	−	+	+
−	−	−	−	+	+	−	+	+
−	−	−	−	−	+	−	+	+
−	−	−	−	−	−	+	−	−
−	−	−	−	−	−	−	+	+
−	−	−	−	−	−	−	+	−
−	−	−	−	−	−	−	+	−
−	+	−	+	−	−	−	−	−
−	−	−	−	−	−	−	−	−

	コシキサワガニ	G. koshikiensis	−
	ミシマサワガニ	G. mishima	−
	ヤクシマサワガニ	G. marmorata	−
	サカモトサワガニ	G. sakamotoana	−
	リュウキュウサワガニ	G. obtusipes	−
	トカシキオオサワガニ	G. levicervix	−
	オキナワオオサワガニ	G. grandiovata	−
	クメジマオオサワガニ	G. kumejima	−
	イヘヤオオサワガニ	G. iheya	−
	アラモトサワガニ	G. aramotoi	−
	ヒメユリサワガニ	G. tenuimanus	−
	ケラマサワガニ	G. amagui	−
	ミヤコサワガニ	G. miyakoensis	−
	カッショクサワガニ	G. marginata fulva	−
	ムラサキサワガニ	G. marginata marginata	−
	ミネイサワガニ	G. minei	−
	アマミミナミサワガニ	Amamiku amamense	−
	カクレサワガニ	A. occulta	−
	オキナワミナミサワガニ	Candidiopotamon okinawense	−
	クメジマミナミサワガニ	C. kumejimense	−
	トカシキミナミサワガニ	C. tokashikense	−
	ヤエヤマヤマガニ	Ryukyum yaeyamense	−
モクズガニ科	モクズガニ	Eriocheir japonicus	+
Varunidae	ヒライソガニ	Gaetice depressus	+
	オキナワヒライソガニ	G. ungulatus	−
	ケフサイソガニ	Hemigrapsus penicillatus	+
	トゲアシヒライソガニモドキ	Parapyxidognathus deianira	+
	アゴヒロカワガニ	Ptychognathus altimanus	+
	ケフサヒライソモドキ	P. barbatus	+
	タイワンヒライソモドキ	P. ishii	+
	ヒメヒライソモドキ	P. capillidigitatus	+
	ハチジョウヒライソモドキ	P. hachijyoensis	−
	ニセモクズガニ	Utica gracilipes	−
	ヒラモクズガニ	U. borneensis	−
	オオヒライソガニ	Varuna litterata	+
	タイワンオオヒライソガニ	V. yui	+
	種数		32

+	−	−	−	−	−	−	−	−
−	+	+	−	−	−	−	−	−
−	−	+	−	−	−	−	−	−
−	−	−	+	+	+	−	−	−
−	−	−	−	+	−	−	−	−
−	−	−	−	−	+	−	−	−
−	−	−	−	−	+	−	−	−
−	−	−	−	−	+	−	−	−
−	−	−	−	−	+	−	−	−
−	−	−	−	−	+	−	−	−
−	−	−	−	−	+	−	−	−
−	−	−	−	−	−	+	−	−
−	−	−	−	−	−	−	+	−
−	−	−	−	−	−	−	+	−
−	−	−	−	+	−	−	−	−
−	−	−	−	−	+	−	−	−
−	−	−	−	−	+	−	−	−
−	−	−	−	−	+	−	−	−
−	−	−	−	−	+	−	+	−
−	−	+	+	+	−	−	−	+
−	−	+	+	+	−	−	−	+
−	−	+	+	+	−	−	−	+
−	−	+	+	+	−	−	+	+
−	−	+	−	+	+	−	+	+
−	−	+	−	+	−	−	+	+
−	−	+	−	−	+	−	+	+
−	−	−	−	−	+	−	−	−
−	−	−	−	+	+	−	−	−
−	−	+	−	−	−	−	+	+
−	−	−	−	+	+	−	+	+
−	−	+	−	+	+	−	+	+
−	−	−	−	+	+	+	+	+
5	2	31	10	36	50	13	45	39

（鈴木・成瀬　2011 を改変）

Paratya compressa（De Haan）、オニヌマエビ *Atyopsis spinipes*（Newport）、トゲナシヌマエビ *Caridina typus* H. Milne Edwards などヌマエビ科7種、ザラテテナガエビ *Macrobrachium australe*（Guerin-Meneville）やヒラテテナガエビ *Macrobracium japonicum*（De Haan）などのテナガエビ科5種、モクズガニ *Eriocheir japonicus* De Haan、ヒライソガニ *Gaetice depressus*（De Haan）、オオヒライソガニ *Varuna litterata*（Fabricius）などのモクズガニ科9種である。そして、特定の島嶼に生息する種は、コツノヌマエビ *Neocaridina* sp.、イシガキヌマエビ *Neocaridina ishigakiensis*（Fujino & Shokita）、イリオモテヌマエビ *Neocaridina iriomotensis* Naruse, Shokita & Cai、ウリガーテナガエビ *Macrobrachium miyakoense* Komai & Fujita、ショキタテナガエビ *Macrobrachium shokitai* Fujino & Baba、チュラテナガエビ *Macrobrachium* sp.、サワガニ科22種、及びオキナワヒライソガニ *Gaetice ungulates* Sakai の29種がある。

　以上のように、三宅線、渡瀬線、蜂須賀線を南限とする東アジアを中心に分布する種は6種で、これに南西諸島全域に生息する東アジアが分布の中心であるヌマエビを加えても全体の9％と少ない。これに対し、各境界線を北限とする種は21種が認められ全体の27％を占めていて、これにヌマエビを除く東南アジア－西太平洋を分布の中心とし南西諸島全域に生息する20種を加えると41種となり、全体の53％を占める。つまり、南西諸島に生息する陸水産甲殻十脚類の半数以上は東南アジア－西太平洋に分布する種ということである。これら47種の生活史を見ると、ミナミヌマエビ、サワガニ、及びミカゲサワガニを除く44種はすべて両側回遊種であり、彼らの分布には幼生の海流による移送が重要な要素となり、南西諸島に北限を持つ多くの種にとっては黒潮が重要な分布制限要因であることを示唆している。ただ、黒潮の本流は台湾の東側から東シナ海に入り、トカラ海峡で東進するまでは南西諸島の西側を流れるので、奄美群島から沖縄諸島の太平洋側ではこの黒潮に対する反流が想定されている（Thoppil et al 2016）。この流れが、東アジアを分布中心とする両側回遊種4種の南限が南西諸島に形成される1要因と考えられる。また、南西諸島に北限域を持っている種数を見ると、奄美群島－沖縄諸島間、宮古海峡（蜂須賀線）及び宮古列島－八重山諸島を北限とす

るのは計6種しかいないのに対し、トカラ海峡（渡瀬線）は8種、大隅海峡（三宅線）は6種と、東南アジア－西太平洋に広く分布する種にとってもこの2つの海峡は大きな障壁になっていると考えられる。

　このように、南西諸島の両側回遊性甲殻十脚類の生物地理には、各種の幼生を運ぶ黒潮流やその反流、本諸島が亜熱帯地域に位置し、かつ南北に連なるため生じる島嶼間の冬季の水温差と各種の水温耐性の違いが強く影響すると考えられる。

　一方、特定の島嶼に生息する29種は、コツノヌマエビ、イシガキヌマエビなどのカワリヌマエビ属エビ類やサワガニ科カニ類などの純淡水種である。純淡水種は海による遺伝的隔離が起こるので、これら29種の生物地理には南西諸島の形成過程が強くかかわっている。Okano, et al.（2000）及び瀬川（2011）は南西諸島に生息するサワガニ類の分子生物学的研究から、その分岐年代を推定し、300万年前頃、200万年前頃、100万年前頃、40万年前頃に大きな種分化が起きていることを明らかにした。この種分化の時期を木村（1996）が推定した古地理と重ね合わせると次のような形成過程が推察される。

　300万－200万年前、日本列島、南西諸島、台湾等が大陸と分離したり、陸続きになった時代に、2つの祖先集団（サワガニ、サカモトサワガニ Geothelphusa sakamotoana（Rathbun）、ヤクシマサワガニ Geothelphusa marmorata Suzuki & Okano の祖先種は北側、アラモトサワガニ Geothelphusa aramotoi Minei、ケラマサワガニ Geothelphusa amagui Naruse & Shokita、ヒメユリサワガニ Geothelphusa tenuimanus（Miyake & Minei）、オオサワガニ類、ミネイサワガニ Geothelphusa minei Shy & Ng の祖先種は南側）とミカゲサワガニ、リュウキュウサワガニ Geothelphusa obtusipes Stimpson 及びムラサキサワガニ Geothelphusa marginata marginata Naruse, Shokita & Shy がこの大陸の縁辺部に分布していた。100万－40万年前の海進期になると、海面の上昇により現在の島嶼とほぼ同じ島々が形成され、長い間島嶼間の隔離が継続された。ここで純淡水種であるがゆえに各島固有のサワガニ類が形成されていった。そして、40－2万年前の海退期に甑島や種子島、屋久島が九州島と陸続きになると、九州島に生息していたサワガニが南下して、現在南西諸島

でみられるサワガニ類の生物地理が形成されたと考えられる。このように、純淡水性甲殻十脚類の生物分布にはその地域の地史的変遷及び気候変動が重要な要因となっている。

　陸水産甲殻十脚類には両側回遊種と純淡水種があり、それぞれの生物地理の形成に、海流の有無や強さ、地域の気象海象の違い、あるいは地史的変遷が様々な形で影響していることがわかる。従って、今後地球温暖化により本邦周辺海域の平均水温や島嶼の冬季の陸水の平均水温が上昇したり、島嶼の水没などが起こるならば、南西諸島における陸水産甲殻十脚類の生物地理も大きく変化すると考えられる。今後の継続的調査研究が必要であろう。

（本村浩之・鈴木廣志）

参考／引用文献

朝倉 彰（2011）1.4 淡水産コエビ下目の生物地理．川井唯史・中田和義編著．エビ・カニ・ザリガニ―淡水甲殻類の保全と生物学―．pp. 76-102．生物研究社．東京

林 健一（2011）1.2 世界の淡水甲殻十脚類．川井唯史・中田和義編著．エビ・カニ・ザリガニ―淡水甲殻類の保全と生物学―．pp. 8-38．生物研究社．東京

松浦啓一・瀬能 宏（2012）黒潮と魚たち．松浦啓一編．黒潮の魚たち．Pp. 3-16．東海大学出版会．東京

Mochida I, Motomura H（2018）An annotated checklist of marine and freshwater fishes of Tokunoshima island in the Amami Islands, Kagoshima, southern Japan, with 202 new records. Bulletin of the Kagoshima University Museum. 10：1-80.

本村浩之（2012）黒潮が育む鹿児島県の魚類多様性．松浦啓一編．黒潮の魚たち．Pp. 19-45．東海大学出版会．東京

本村浩之（2013）屋久島の魚類相の謎．悠久の時を刻む屋久島．月刊ダイバー．391：128-134.

本村浩之（2014）鹿児島の魚類．かごしま探訪第19回．鹿大ジャーナル．195：19.

本村浩之（2015）琉球列島の魚類多様性．日本生態学会編．南西諸島の生物多様性、その成立と保全．Pp. 56-63．南方新社．鹿児島

Motomura H（2016）The ichthyofauna of Yoron-jima Island in the southern extremity of the Amami Islands, Japan, including comparisons with similar nearby regions. In Kawai K, Terada R, Kuwamura S（eds）. The Amami Islands: Culture, Society, Industry and Nature. Pp. 71-78. Hokuto Shobou. Kyoto.

本村浩之（2016）薩南諸島における魚類多様性研究の最前線．鹿児島大学生物多様性研究会編．奄美群島の生物多様性〜研究最前線からの報告．Pp. 261-269．南方新社．鹿児島

Motomura H（2017）Review of the ichthyofauna of Yaku-shima island in the Osumi Islands, southern Japan, with 15 new records of marine fishes. In Kawai K, Terada R, Kuwamura S（eds）. The Osumi Islands: Culture, Society, Industry and Nature. Pp. 74-80. Hokuto Shobou. Kyoto.

本村浩之(編)（2018a）第4章 分布．日本魚類学会編．魚類学の百科事典．Pp. 164-206．丸善出版．東京

本村浩之（2018b）魚類相．日本魚類学会 編．魚類学の百科事典．Pp. 182-183．丸善出版．東京

本村浩之（2018c）南日本の魚類相．日本魚類学会編．魚類学の百科事典．Pp. 192-193．丸善出版．東京

本村浩之・出羽慎一・古田和彦・松浦啓一（2013）鹿児島県三島村—硫黄島と竹島の魚類．390 pp．鹿児島大学総合研究博物館．鹿児島・国立科学博物館．つくば

本村浩之・萩原清司・瀬能 宏・中江雅典(編)（2019）奄美群島の魚類図鑑．438 pp．南日本新聞開発センター．鹿児島

Motomura H and Harazaki S（2017）Annotated checklist of marine and freshwater fishes of Yaku-shima island in the Osumi Islands, Kagoshima, southern Japan, with 129 new records. Bulletin of the Kagoshima University Museum. 9：1-183.

本村浩之・松浦啓一(編)（2014）奄美群島最南端の島—与論島の魚類．648

pp. 鹿児島大学総合研究博物館. 鹿児島・国立科学博物館. つくば

Nakae M, Motomura H, Hagiwara K, Senou H, Koeda K, Yoshida T, Tashiro S, Jeong B, Hata H, Fukui F, Fujiwara K, Yamakawa T, Aizawa M, Shinohara G, Matsuura K (2018) An annotated checklist of fishes of Amami-oshima Island, the Ryukyu Islands, Japan. Memoirs of the National Museum of Nature and Science, Tokyo. 52：205-361.

Okano T, Suzuki H, Hiwatashi Y, Nagoshi F, Miura T (2000) Genetic divergence among local populations of the Japanese freshwater crab *Geothelphusa dehaani* (Decapoda, Brachyura, Potamidae) from southern Kyushu, Japan. Journal of Crustacean Biology. 20(4)：759-768.

鈴木廣志（2016）第3部 第7章 薩南諸島の陸水産エビとカニ―その種類と生物地理―. 鹿児島大学生物多様性研究会編. 奄美群島の生物多様性―研究最前線からの報告―. pp. 278-347. 南方新社. 鹿児島

鈴木廣志・成瀬 貫（2011）1.3 日本の淡水産甲殻十脚類. 川井唯史・中田和義 編著. エビ・カニ・ザリガニ―淡水甲殻類の保全と生物学―. pp. 39-73. 生物研究社. 東京

瀬川涼子（2011）1.5 サワガニ類の分子系統学的研究. 川井唯史・中田和義 編著. エビ・カニ・ザリガニ―淡水甲殻類の保全と生物学―. pp. 103-110. 生物研究社. 東京

立原一憲（2018）島の生物学. 日本魚類学会編. 魚類学の百科事典. Pp. 260-261. 丸善出版. 東京

Thoppil PG, Metzger EJ, Hurlburt HE, Smedstad OM, Ichikawa H (2016) The current system east of the Ryukyu Islands as revealed by a global ocean reanalysis. Progress in Oceanography. 1683：1-31 with Figures 1-21.

安間繁樹（2001）琉球列島―生物の多様性と列島のおいたち. 195pp. 東海大学出版会. 東京.

第 2 部

陸水に暮らす生き物たち

第1章
陸水域にみられる生息場

　淡水と海水、あるいは淡水域と海水域というと、多くの人は馴染みのある言葉なので直ぐに理解してもらえると思う。しかし、陸水と聞いて、すぐにイメージ出来る人はそう多くはないだろう。第2部では、この陸水に暮らす生き物たちを解説するので、まずは、馴染みの薄い陸水とは何か、また、陸水の中にある生き物たちの生息場にはどんなものがあるのかを解説する。

　まず陸水であるが、実は、陸水と海水を区別する時と、淡水と海水を区別する時には、区別する基準が全く違うのである。前者は水のある場所（地理的）に基づいており、後者は水の性質（水質）、特に塩分濃度に基づいている。つまり、

　陸水：地図上で海岸線を全て結んだとき、この線よりも陸側（内側）に位置する水のこと。一方、陸水に対する海水を指すときにはこの線の海側（外側）に位置する水を指す。

　淡水：塩分が極めて少ない水（塩分濃度0.5ppt以下）のことで、真水とも呼ばれる。

　海水：塩分濃度が概ね34ppt（1リットルの真水に34グラムの塩分が溶け込んでいる状態）以上の水のこと。ちなみに黒潮の海水の塩分濃度は34.5ppt程度ある。

　汽水：塩分濃度が概ね1ppt-33pptの範囲にある水のことで、淡水と海水が混ざった水のことである。

　このように、淡水、汽水、海水という場合は、水質（塩分濃度という数値）に基づいて区別するので容易に理解できる。しかしながら、陸水という時には多くの場合水のある場所、つまり陸域という空間で区切られてイメージされるので、この語に対する海水も陸域に対する海域という空間で理解し

なければならない。厄介なのは、この陸域と海域との境には汽水があるという事である。従って、陸水と海水を対で述べるときには、どちらにも汽水の一部が含まれていることに注意しなければならない。

さて、陸水に暮らす生物たちの生息場所であるが、これには様々なものがあり、以下、大きなスケールで見た場合と、小さなスケールで見た場合に分けて解説する。

大きなスケールで見た場合

　河川：陸水の中で、絶えず一定方向に水が流れているところ。流水域。小スケールの生息場がモザイク状に存在する。後述するように、瀬と淵の数やその形状などで、上流（渓流）、中流、下流、河口域などに区分される。

図 2-1-1. 陸水域の生息場1　a, 徳之島神嶺ダム湖；b, 神嶺ダム湖岸；c, 沖永良部島大山水鏡洞；d, 徳之島明神洞

第2部　陸水に暮らす生き物たち

　湖沼：陸水の中で、水が溜まっているところ。止水域。湖と池、沼の厳密な分け方はなく、一般に大きさと水深を目安に分けており、小さく浅い止水域を主に池沼と呼ぶ。島嶼には自然の湖沼は少なく、人工のダム湖（図 2-1-1a 及び 2-1-1b）や溜池がほとんどである。

　三日月湖：河川の蛇行する部分が、長い時間（地史的時間）をかけた流路の変化により取り残されたもの。止水域。特異な動植物が生息する場合がある。

　湿地（湿原）；淡水や海水によって常時、もしくは周期的に冠水している低地のこと。言わば、陸と水との推移帯で、河川の氾濫原湿地、湖沼の沿岸帯湿地、さらに河口のマングローブ沼沢や砂泥質干潟も湿地に含まれる。陸水の湿地には、ガマなどの抽水植物やミズゴケなどのコケ類が優占している。時には、大型の樹木なども優先することがある（沼沢地）。

図 2-1-2. 陸水域の生息場2　a, 徳之島明神洞出口；b, 徳之島下田川下流；c, 奄美大島山間川中流；d, 徳之島秋利神川下流

暗川（くらごう）；地下を流れる水脈（地下水脈・地下水系）を指したり、この地下水脈のある石灰岩洞穴を指したりする（図 2-1-1c 及び 2-1-1d）。隆起礁原による石灰岩層が発達している喜界島、徳之島南部、沖永良部島、与論島で見られる。島嶼では水源地として利用されることが多い。光の届かないところではあるが、表面水系への出口近くでは動植物の生息も認められる（図 2-1-2a）。

小さなスケールで見た場合

岸；陸地と水域との境。河川、湖沼に共通する場。自然状態では多くの抽水植物が繁茂している（図 2-1-1b 及び図 2-1-2b）。治水目的で、コンクリート護岸が作られているが、蛇籠や自然石などを使った護岸も増えてきている。蛇籠や自然石の護岸は大小さまざまな間隙を創出して、その隙間が多くの生物の生息場になる。

流心；河川において、岸に対し流れの中心部を示す。流域により異なるが、比較的流れは速く流量も多い傾向がある（図 2-1-2c）。川床は礫や転石などで占められる。

水衝部；河川が曲がっている部分で、流れが強く当たる場所。強い流れにより、川岸はえぐれ深い淵を作ることがある。そのため、水衝部の岸は岩が露出する。

淵；蛇行する流れの外側にあたり、流れにより川底が掘られ、深くなっているところ（図 2-1-2c）。一般に、水面は波立たず、流れは比較的緩やかで、川床には砂や礫が堆積する。時に、落葉や小枝なども堆積する。

平瀬；水深が浅く、水面は滑らかに波立ち、流れは速い（図 2-1-2c）。川床は礫が主で、一部分が砂や泥に埋もれている「沈み石」となる場合が多い。沈み石は比較的安定しているので表面に付着性、固着性の生物（珪藻類や営巣性のカワゲラ類）が付きやすい。淵の下流側に形成される。

早瀬；平瀬よりも水深は浅く、流速はかなり速く、水面は白波がたつ（図 2-1-2c）。平瀬と同じ川床は礫が主だが、早い流れにより砂や泥が

流されて、礫の上に礫が重なる「浮石」となる場合が多い。浮石の間隙は時として生物の隠れ場にもなる。平瀬同様礫の表面は付着生物が付きやすい。淵の上流側に形成される。

中洲：砂や礫が川の中（流心部付近）に堆積したもので、岸とはつながっていない場所（図2-1-2d）。砂や泥の堆積が進むと陸地化していき、水との境には岸同様、抽水植物などが繁茂する。

寄洲：蛇行する流れの内側にあたり流れが緩くなり、砂や礫、ときには泥などが岸沿いに堆積した場所（図2-1-2c）。一般に河原と呼ばれるところでもある。淵の対岸に位置することが多い。増水が頻繁に起こる河川では寄洲などは常に攪乱を受け、あまり植物は繁茂しないが、攪乱の少ないところでは、抽水植物などが繁茂する。

ワンド：寄洲の下流側などに土砂が堆積したり、伏流水などの湧出で削られたり、あるいは人工的に掘削されたりして岸沿いに入り組んだ地

図2-1-3．陸水域の生息場3　a, 喜界島浦原の湧水；b, 喜界島長嶺の湧水（左奥）；c, 喜界島長嶺の湧水と小規模な湿地；d, 種子島の河川上流域

形になっている場所。流れが緩やかになっていて、抽水植物や沈水植物などが繁茂する。

湧水（池）；地下水脈が地表に出たところ（図2-1-3a及び2-1-3b）。鹿児島県本土などでは湿地（湿原）へと連なることが多いが、奄美群島などの島嶼では川床や周囲は裸岩が主となる。集落の近くでは人工的に補強され、地域の人々の社交の場となる。抽水植物やシダ植物など光合成植物が周囲に繁茂する（図2-1-3c）。

最後に生物の生息場ではないが、陸水における生物の分布を考えるときに重要な概念である上流（渓流）、中流、下流について解説する。これらをまとめて流域と呼ぶが、区別の仕方は極めて単純で、1蛇行区間（河川が曲がり始めてから次に曲がる地点までの間）に何個の渕と瀬（平瀬と早瀬）があるかで区別している。

上流（渓流）；1蛇行区間に渕と瀬が複数あり、流れは速く、瀬から淵への移行部分には落差があり、小さな滝のようになっている（図2-1-3d及び2-1-4a）。礫や砂などは流されてしまい、川床や川岸には裸岩が目に付く。

中流；1蛇行区間に渕と瀬が1個ずつある。流れは比較的速く、瀬では多少波立つ（図2-1-2c）。川床には礫や転石が堆積する。岸や中洲、寄洲の水際には抽水植物が繁茂する。

下流；中流と同じく1蛇行区間には渕と瀬が1個ずつある。しかし、流れ

図2-1-4. 陸水域の生息場4　a, 徳之島秋利神川上流域；b, 徳之島下久志川汽水河口域

は緩やかで、瀬では波立つことはない（図 2-1-2b）。川床は主に礫や砂、泥などが堆積する（図 2-1-4b）。中流と同じく水際には抽水植物が繁茂する。

　以上、陸水域の生息場や流域の環境をイメージしながら、次章の生物の生き方を読みといていってほしい。

（鈴木廣志）

参考 / 引用文献

Horne A J, Goldman C R（手塚泰彦訳）（1999）陸水学．京都大学学術出版会．京都．638pp

黒木敏郎編（1982）海洋環境測定．恒星社厚生閣．東京．338pp

水野信彦・御勢久右衛門（1993）河川の生態学　沼田 真監修．築地書館．東京．247pp

第2章
陸水域に暮らす生き物たち

　奄美大島の河川における魚類相の特徴として、純淡水魚が少なく、周縁性淡水魚やハゼ類が多いことが挙げられる（諸喜田ほか 1990、林ほか 1992、四宮・池 1992）。一方、南西諸島の陸水域に生息する甲殻十脚類、俗にいうエビ、カニ類は、4科20属77種に及ぶ（表 1-1；鈴木・佐藤 1994；鈴木・成瀬 2011；鈴木 2016；西田ほか 2003）。これらの種は緯度が高くなるにつれ種数が減る傾向があり、沖縄諸島が 50 種、八重山諸島が 45 種、奄美群島が 36 種、そして大隅諸島が 31 種を示す。種組成には若干の相違が認められ、八重山諸島ではヌマエビ科やテナガエビ科のエビ類が多い傾向を示し、沖縄諸島ではサワガニ科カニ類が多い傾向を示している。

　各河川における、これら魚類を含めた種組成の違いは、各種の生活型（純淡水種か通し回遊種か）、島嶼の大きさとその地史、河川の大きさと勾配、川床の形状などに起因すると考えられる。本章では流程に伴う種組成の詳細な解説は紙面の都合上割愛するが、その基本となる南西諸島の河川における流程分布の概略や代表種を奄美群島の中で比較的調査の進んでいる奄美大島河川を主として解説する。さらに、島嶼の陸水域にみられる紅藻類についても詳細な解説をする。

1．渓流・上流域

魚類

　渓流・上流域は、瀬と淵が短い間隔で次々と連続する流れの速い特殊な環境であり、遊泳性の魚類の生息環境としては適していない。また、多くの自然の滝や堰、砂防ダムといった人為的な構造物は、中流、下流域からの魚類

の進入を制限しており、魚類相の多様性は低い。

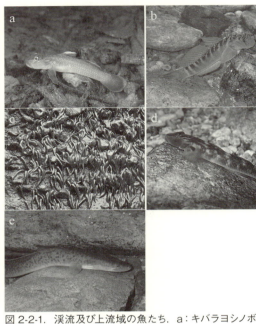

図 2-2-1. 渓流及上流域の魚たち. a：キバラヨシノボリ, b：ボウズハゼ, c：壁面をよじ登るボウズハゼ, d：ヒラヨシノボリ, e：オオウナギ

こうした中流、下流域から隔離された環境にある渓流・上流域に生息する魚類の代表がキバラヨシノボリ *Rhinogobius* sp. YB である（図 2-2-1a）。本種はヨシノボリの仲間で、奄美大島以南の琉球列島に分布している。ヨシノボリの仲間の多くが両側回遊型の生活史を持ち、孵化後一定期間の仔稚魚期を海で過ごす。一方、キバラヨシノボリは陸封型の生活史をもち、一度も川を降り海に出ることなく、一生を渓流・上流域で過ごす。奄美大島では非常に珍しい、一生を淡水域で過ごす純淡水魚である。繁殖期は春の終わり頃から初夏で、奄美大島に生息する他の多くのヨシノボリの仲間よりも遅い。雄が早瀬から平瀬の転石下に巣穴を掘り、孵化するまで卵を保護する。一般的な両側回遊型のヨシノボリの仲間に比べて産卵数は少なく、卵のサイズが大きいため、孵化仔魚のサイズは大きく、発達段階はより進んでいる。孵化仔魚の遊泳能力を高め、淵や平瀬、寄り洲や岩の周囲といった流れの遅い場所に分布することで、仔魚が中流、下流域へと逸散することを防ぎ、陸封型の生活を可能にしている（四宮ほか 2005）。

また渓流・上流域は、滝や人口の構造物である堰、砂防ダムなどの障壁を乗り越えて遡上する能力のある両側回遊型のヨシノボリの仲間、ボウズハゼ

Sicyopterus japonicus（Tanaka）、オオウナギ *Anguilla marmorata* Quoy and Gaimard などといった一部の魚類にとって重要な生息場となっている。ボウズハゼは多くのヨシノボリの仲間と同じ両側回遊型の生活史を持つ（図2-2-1b）。繁殖期は夏で、海洋生活期を過ごした稚魚は群れをなして春から初夏に川を遡上する。ちなみに、ヨシノボリの仲間に比べて本種の海洋生活期間は長く、仔稚魚期の分散に黒潮を大いに利用していると考えられているが、仔稚魚期の生態は謎に包まれている（渡邊 2012）。奄美大島では上流から下流にかけて広く分布しているが、生息数は特に上流域で多い。吸盤状の腹鰭と口を使って匍匐し、濡れた壁面をよじ登ることができるため（図2-2-1c）、遡上能力はとても高く、堰や滝の上でもみることができる。本種は魚類では珍しい藻類食者で、川底の石に付着した藻類をはぎ取って食べる。奄美大島の河川には、同じく藻類食者であるリュウキュウアユ *Plecoglossus altivelis ryukyuensis* Nishida が生息している。ボウズハゼがその遡上能力を生かしてより上流域へと移動するのは、餌である藻類に対するリュウキュウアユとの種間での競合を避けるためであろう。

　キバラヨシノボリの生息河川の一つである住用川の上流域には複数の滝とともに住用ダムが存在する。キバラヨシノボリとともに、住用ダムの直下にはヒラヨシノボリ *Rhinogobius* sp. DL、クロヨシノボリ *Rhinogobius brunneus*（Temminck and Schlegel）が、住用ダムのおよそ1.5km下流に存在する落差およそ100 mのタンギョの滝の下にはヒラヨシノボリ、クロヨシノボリ、アヤヨシノボリ *Rhinogobius* sp. MO、シマヨシノボリ *Rhinogobius nagoyae* Jordan and Seale などの両側回遊型のヨシノボリの仲間が分布している（図2-2-1d）。その一方で、住用ダムより上流部に生息する魚類はキバラヨシノボリとオオウナギのみである（四宮ほか 2005）。これはオオウナギの類まれなる遡上能力の高さを物語っている（図2-2-1e）。なお、奄美大島の河川にはニホンウナギ *Anguilla japonica* Temminck and Schlegel とオオウナギの2種が分布しているが、生息数はオオウナギの方が多く、オオウナギが河川の上流側、ニホンウナギが下流側というように種間で棲み分けがみられる。ともに産卵場はグアム島近海で、成魚は河川から産卵場へ、レプトセファルス幼生は北赤道海流と黒潮を利用しながら産卵場から河川へとそれぞれ大回遊する

と考えられている（渡邊 2017）。

エビ・カニ類

　本水域では、アマミミナミサワガニ Amamiku amamensis（Minei）（図 2-2-2a）とサカモトサワガニ（図 2-2-2b）の 2 種のサワガニ類と、トゲナシヌマエビ（図 2-2-2c）、ヤマトヌマエビ Caridina multidentata Stimpson（図 2-2-2d）、およびヒラテテナガエビ（図 2-2-2e）の 3 種のエビ類が主として出現する（図 2-2-3；諸喜田 1976、1979）。

　アマミミナミサワガニは甲幅 20-30㎜のカニで、前側縁には眼窩外歯のすぐ後ろに 1 個の歯がある。この歯の外側から始まる稜線が額に並行してある。甲面は平たく、額および側縁に近い面には、顆粒、短い稜線や皺があり、凸凹した感じである。奄美諸島に固有の種で、奄美大島と徳之島にのみ分布する。

　サカモトサワガニは甲幅 40㎜に達するカニで、甲面は全体に滑らかで光沢がある。体色には変異があり、生時には甲背面、ハサミ脚、歩脚とも淡い黄色若しくは薄い黄緑色の個体や、茶色や橙色をした個体がみられる。中琉球に固有の種類で、宝島、奄美大島、徳之島、喜界島、加計呂麻島、沖縄島に分布する。これら 2 種のサワガニ類は、山間の小川や清流、湿地帯の石の下や岸辺に穴を掘って生息し、夜行性で、昼間は石や礫などの物陰に潜み、夜間出てきて活発に餌を食べる。食性は肉食に近い雑食である。

　トゲナシヌマエビとヤマトヌマエビはヌマエビ科のエビで、第 1-2 胸脚のハサミの先端に毛の束を持っている。この毛の束のあるハサミを使って、岩や転石の表面に生えている付着藻類や、川床に堆積する有機堆積物（デトライタス）などを摂食する。トゲナシヌマエビは体長 25-35㎜で、額角は短く上縁にはふつう歯がない。下縁には先端近くに 0-3 個の歯がある。ヤマトヌマエビも体長 30-40㎜で、額角もトゲナシヌマエビ同様短い。しかし、その上縁には 13-27 個の歯が密にならび、下縁にも 3-17 個の歯がある点で区別がつく。また、生時のヤマトヌマエビは体側に濃い褐色や赤褐色の縞または点々模様があり、尾節および尾扇の基部には青色の斑紋がある。

　ヒラテテナガエビはテナガエビ科に属し、体長 70-90㎜で、額角は"木の

第2章　陸水域に暮らす生き物たち

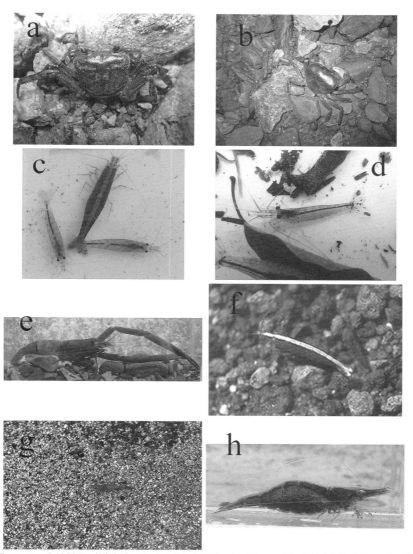

図2-2-2. 上流域及び渓流域に出現する主なエビ・カニ類. a：アマミミナミサワガニ, b：サカモトサワガニ, c：トゲナシヌマエビ, d：ヤマトヌマエビ, e：ヒラテテナガエビ, f：オニヌマエビ, g：ヌマエビ, h：ミゾレヌマエビ

第 2 部　陸水に暮らす生き物たち

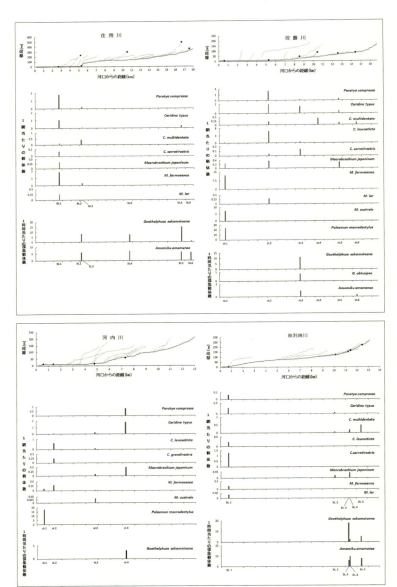

図 2-2-3. 奄美大島及び徳之島の 4 河川におけるエビ・カニ類の流程分布

葉状"を呈し、上縁には 9-12 個の歯があり、このうち 4-5 個は眼窩より後ろの頭胸甲上にある。下縁には 2-4 個の歯がある。流れの速い流域から沢などの水量の少ない流域にも生息する。食性は水生昆虫、弱った稚魚や甲殻類などを主とする肉食である。脱皮直後の甲殻類はよい餌のようである。

この他、南西諸島の島嶼河川上流域・渓流域では、時折オニヌマエビ（図 2-2-2f）、ミナミオニヌマエビ、ヌマエビ（図 2-2-2g）、ミゾレヌマエビ *Caridina leucosticta* Stimpson（図 2-2-2h）、ミナミテナガエビ *Macrobrachium formosense* Bate（図 2-2-6a）、コンジンテナガエビ *Macrobrachium lar* (Fabricius)（図 2-2-6b）などが出現する（諸喜田 1976、1979、1989）。

2．中流域・下流域

魚類

奄美大島の河川では中流域が発達しており、多くの河川では下流域を経ずに中流域のまま海に注ぐ。中流域では大きく蛇行し、瀬と淵が交互に連続している。透明度は高く、魚類の生息数、多様性、ともに高い水域である。

奄美大島の河川の中流域で優占している魚類の一種が、琉球列島固有亜種、リュウキュウアユである（図 2-2-4a）。琉球列島のアユ *Plecoglossus altivelis altivelis*（Temminck and Schlegel）はトカラ海峡により大隅諸島を含む九州以北のものと切り離され、100 万年レベルで遺伝的交流をもたなくなり、リュウキュウアユとして分化した。リュウキュウアユはもともと沖縄本島にも生息していたが、大規模な開発や河川改修により生息場や産卵場の荒廃がすすみ、野生の個体群は絶滅してしまった。現在、沖縄本島のダム湖でみられるリュウキュウアユは、以前奄美大島から移植したものが、その後、自然繁殖しているものである。奄美大島で本種はヤジと呼ばれ、かつては食用として利用されており、とても身近な魚であった。奄美大島でも開発に伴う河川環境の変化等に伴い、リュウキュウアユの生息数は減少傾向にあり、現在では絶滅危惧 IA 類（環境省）に指定され、鹿児島県希少野生動植物保護条例により捕獲は一切禁止されており、地元の住民の方々により大切に保護されている（久米 2016）。

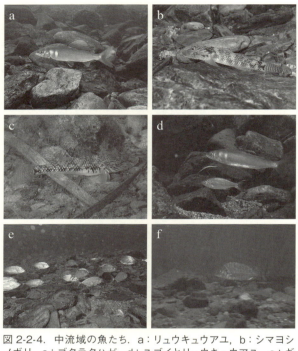

図 2-2-4. 中流域の魚たち. a：リュウキュウアユ，b：シマヨシノボリ，c：ゴクラクハゼ，d：ユゴイとリュウキュウアユ，e：ギンガメアジ，f：ミナミクロダイ

リュウキュウアユはアユや多くのヨシノボリの仲間と同様、川と海を行き来して生活する両側回遊魚である。本種は中流域から下流域にかけて広く分布するが、特に中流域で多くみられる。春から晩秋にかけて、若魚期から成魚期を河川内の主に中流域で過ごし、川底の石に付着した藻類を食みながら成長する。こうして成長、成熟し、水温の下がる秋になると海に近い川の下流に降りてきて、水深が浅く水の流れの速い早瀬で産卵を行う。川底の小石に産み付けられた卵から孵化した仔魚はすぐに海に下る。その後、仔稚魚期の数ヶ月間を海で過ごす。春には川をのぼり、主に中流域で川底の藻を食みながら成長する。そして、その年の秋に下流で産卵後、その多くは一年間の短い命を終える。

リュウキュウアユの主要な生息河川は、島東部の住用湾にそそぐ役勝川、住用川、川内川、島西部の焼内湾に注ぐ河内川の 4 河川である。これら 4 河川以外の小河川でも年によって生息が確認されているが、毎年産卵が確認されていないことから、主要 4 河川の産卵場から流下した仔魚が海で成長し、隣接した別の河川に遡上し、その後成長したものと考えられる。また、焼内湾に注ぐ河内川を中心とする個体群と住用湾に注ぐ 3 河川を中心とする個体

群の間にはほとんど交流がなく、遺伝的な分化が生じていることが分かっている（Sawashi & Nishida 1994）。

中流域には多くの両側回遊型のヨシノボリの仲間が生息している。シマヨシノボリは奄美大島の河川で最も普通にみられるヨシノボリの仲間である（図 2-2-4b）。本種は上流から下流にかけて広く分布しているが、特に中流域に多い。水深が浅くて転石が多く、流れの速い早瀬を好む。食性は雑食性で、流下する水生昆虫などを積極的に摂餌している。繁殖期は12月から5月頃までで、奄美大島では他のヨシノボリの仲間より開始時期は早い。

その他の両側回遊型のヨシノボリの仲間では、ゴクラクハゼ *Rhinogobius giurinus*（Rutter）、クロヨシノボリも多くみられる（図 2-2-4c）。ゴクラクハゼは中流域から汽水域まで広く分布しているが、遡上能力がそれほど高くないため上流域では少ない。多くのヨシノボリの仲間が早春に産卵するのに対し、本種の産卵は初夏から秋にかけて行われる。また、両側回遊型のヨシノボリの仲間の稚魚が淡水域で着底するのに対し、本種の稚魚は汽水域で着底し、底生生活を送りながら淡水域へと移動する。クロヨシノボリも上流から下流にかけて広く分布しているが、ヨシノボリの仲間のなかで最も遡上能力が高く、比較的規模の大きな河川では上流域のみでみられる。繁殖期は3月から5月にかけてで、ゴクラクハゼ、クロヨシノボリともに雄が転石下で卵を孵化するまで保護する。

ヨシノボリの仲間以外では、琉球列島の固有種であるナガノゴリ *Tridentiger kuroiwae* Jordan and Tanaka も中流域を中心に上流から汽水域まで広く分布している。繁殖期は2月から5月で、汽水域で転石の下に産卵し、ヨシノボリの仲間と同様、雄が孵化するまで卵を保護する。本種も両側回遊型の生活史をもつが、ゴクラクハゼ同様、稚魚は汽水域で着底し、底生生活を送りながら徐々に上流へと移動していく。

ユゴイ *Kuhlia marginata*（Cuvier）も奄美大島では普通にみられる淡水魚の一種で、中流域を中心に、上流から下流にかけて広い範囲でみられる（図 2-2-4d）。産卵を海で行う降河回遊型の生活史をもつと考えられているが、繁殖生態の詳細については不明である。奄美大島にはユゴイの近縁種で、同様の降河回遊型の生活史をもつと考えられているオオクチユゴイ *Kuhlia rupestris*（Lacepede）が同所的に生息しているが、本種はユゴイに比べ、大型になり、より上流まで遡上する。両種は、奄美大島ではミキョと呼ばれ、古くは食用として利用されていた。

　ギンガメアジ *Caranx sexfasciatus* Quoy and Gaimard は本来海水魚であるが、全長20cm位までの個体が初夏から秋にかけて川に侵入する。河川の中流域まで侵入し、時に100個体近い群れで移動する（図2-2-4e）。動物食で、ヨシノボリの仲間などの小型のハゼ類やヌマエビ類、テナガエビ類等を貪欲に摂餌する。成長後、沖合へと移動し、成魚はサンゴ礁海域で生活し、繁殖を行う。

　琉球列島の固有種であるミナミクロダイ *Acanthopagrus sivicolus* Akazaki も、奄美大島で普通にみられる海水性の両側回遊魚の一種である（図2-2-4f）。主に汽水域から内湾に生息しているが、年間を通して淡水域まで侵入する。雑食性で、イシマキガイ *Clithon retropictus*（Martens）やテナガエビ類などの底生生物のほか、リュウキュウアユやハゼ類などの魚類も積極的に摂餌する。繁殖期は早春で、やや沖合に移動して産卵すると考えられている。

　奄美大島の河川の下流域は未発達である。下流域とは河川の下流で瀬と淵の区別がはっきりしない場所のことを示す。奄美大島では下流でも瀬が発達しているので厳密的な意味での下流域はほとんど存在しない。また、下流域と河口域を地形や周囲の景観などで厳密に区分することも出来ないが、海水の影響がある感潮線までを河口域と捉えることは出来る。ここではその感潮線より上流側を下流域とする。この下流域を利用する魚類はそれほど多くはない。

　下流域では日本本土でも普通にみられるフナ（フナ属の一種）*Carassius* sp. やコイ *Cyprinus carpio* Linnaeus が生息している（図2-2-5）。ともに、琉球列島では一生を淡水で過ごす数少ない純淡水魚である。琉球列島の河川でみられるフナ

図2-2-5．下流域でみられるフナ属の一種

には琉球列島在来の琉球系統と、後に人間が持ち込んだと考えられる台湾系統、中国系統、日本列島系統の4つの系統があることが知られている。奄美大島では、琉球系統と日本列島系統が存在するとされている。流れが緩やかで、岸際に水生植物が繁茂している場所に多く、雑食性である。

　奄美大島を含め、日本各地に広く分布しているコイはユーラシア大陸原産のものが野生化した外来種で、在来種は琵琶湖等の一部の淡水域にのみ生息している。一般に、コイは梅雨時期に水生植物が水際に繁茂した場所で産卵することが知られているが、フナ同様、奄美大島における本種の繁殖生態についてはよく分かっていない。雑食性で貪食であることから、在来種への影響が懸念されている。

エビ・カニ類
　サワガニ類では、上流域まで分布しているサカモトサワガニ、アマミミナミサワガニに加えリュウキュウサワガニ（図2-2-6c）が中流域に出現する。リュウキュウサワガニは甲幅20mm前後と前2種よりも小型で、眼も比較的小さく感じる。水のある転石の下や川床に穴を掘って住んでいるが、前2種のように陸上に出て活動することはないようである。ヌマエビ類では、上流域・渓流域にも分布していたトゲナシヌマエビ、ヤマトヌマエビ、ミゾレヌマエビに加え、ヌマエビ、ヒメヌマエビ *Caridina serratirostris* de Man（図2-2-6d）が中流域・下流域に出現し、テナガエビ類では、同じく上流域まで分布していたミナミテナガエビ、ヒラテテナガエビ、コンジンテナガエビに加え、ザラテテナガエビ（図2-2-6e）が出現する。ヌマエビ類としては稀にツノナガヌマエビ *Caridina grandirostris* Stimpson（図2-2-6f）もミゾレヌマエビと混在して出現する。一方、春から初夏の時期には礫や転石が堆積しているところではモクズガニの稚ガニ（図2-2-6g）を見つけることもできる。

　この中流域・下流域そして次に述べる河口域は、両側回遊型のエビ類、カニ類にとっては繁殖のために降河するときも、成長した稚エビが加入遡上してくるときも、通過あるいは留まる流域である。したがって、時期によって出現する個体の大きさもまた場所も異なる。春から夏に少し流れが緩やかな物陰や、流木の下、あるいは大きめの石の下などを丹念に探すと、体長90

第2部　陸水に暮らす生き物たち

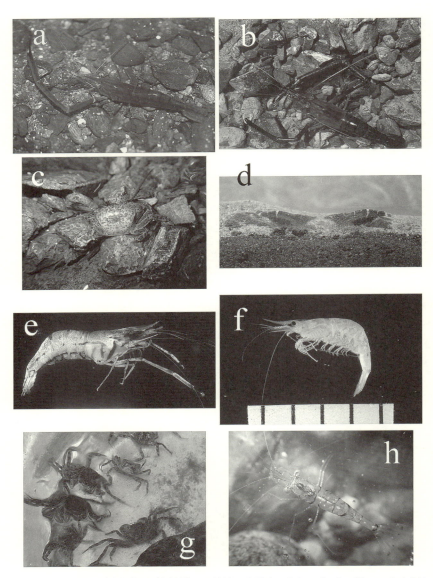

図 2-2-6．上流域，渓流域及び中流域，下流域に出現する主なエビ・カニ類．a：ミナミテナガエビ，b：コンジンテナガエビ，c：リュウキュウサワガニ，d：ヒメヌマエビ，e：ザラテテナガエビ，f：ツノナガヌマエビ，g：モクズガニ，h：スネナガエビ

～100mmに達するミナミテナガエビ、ヒラテテナガエビ、コンジンテナガエビなど大型のテナガエビ類を見つけることができる。多くのメスは卵をお腹に抱いているので、産卵のために下ってきたものと分かる。一方、夏から秋に、抽水植物や沈水植物の間をタモ網などで浚うと、体長20～30mmのミゾレヌマエビ、トゲナシヌマエビ、ヌマエビ、ミナミテナガエビ、コンジンテナガエビなど多くのエビ類の稚エビを採集することができる。これらの稚エビはその年の春から夏にかけて生まれた0歳児であり、植物の繁茂によって流れが緩やかになると同時に隠れ場としての空間ができる場所に多く集まるようである。

3．河口域（汽水域）

魚類

　河口域には淡水と海水が混じりあう汽水域が広がっている。汽水域における魚類の多様度は高く、テンジクダイ、スズメダイ、ハゼの仲間に代表される多くの魚類の生息場として利用されている（図2-2-7a）。

　チチブモドキ *Eleotris acanthopoma* Bleeker は奄美大島ではマングローブ域等を中心に汽水域のみでみられるハゼの仲間である（図2-2-7b）。動物食で小型の甲殻類や貝類を摂餌する。汽水域で生活、繁殖し、海域で仔稚魚期を過ごす回遊型の生活史をもつと考えられている。

　また、動物プランクトンなどの餌が豊富で捕食者の少ない河口汽水域は、成魚の生息場としてだけ

図2-2-7．河口域の魚たち．a：アマミイシモチとリボンスズメダイの群れ，b：チチブモドキ

ではなく、リュウキュウアユ等の両側回遊型の魚類を含む多くの種の仔稚魚期の成育場としても重要な役割を果たしている（Aritomi et al. 2017）。役勝川及び住用川の河口域で年間を通して行われた調査により、これまでに71

種以上の仔稚魚の出現が確認されている（黒木 2017）。

エビ・カニ類

　河口域は潮間帯の発達するところであるが、本節では流心部と干潮時に水際になる場所に見られるエビ・カニ類について解説する。河口域では川岸と流心部では川床の形状が異なる。また、海水の干満にも影響され、上げ潮から満潮にかけては塩分が高くなり、下げ潮から干潮にかけては塩分が低くなる。

　このような河口域では、出現するエビ・カニ類も下流域の種とは異なることが多く、抽水植物が川岸に繁茂する場所では、ヒメヌマエビも生息するが、抽水植物があまり繁茂しない砂礫底の川岸ではフトユビスジエビ、スネナガエビ（図 2-2-6h）などのスジエビ類が出現する。カニ類も異なった様相を示し、サワガニ類は出現せず、九州島でも広く分布するヒライソガニ（図 2-2-8a）、ケフサイソガニ *Hemigrapsus penicillatus*（De Haan）（図 2-2-8b）が川岸に生息し、流心部ではトゲアシヒライソガニモドキ *Parapyxidognathus deianira* de Man（図 2-2-8c）、アゴヒロカワガニ *Ptychognathus altimanus*（Rathbun）（図 2-2-8d）、ケフサヒライソモドキ *Ptychognathus barbatus* A.Milne Edwards、タイワンヒライソモドキ *Ptychognathus ishii* Sakai（図 2-2-8e）などのヒライソモドキ属のカニ類が主流となる。つまり、川岸寄りの転石や岩の下にはケフサイソガニやヒライソガニが、流心部の礫の下にはヒライソモドキ属のカニ類が礫と礫の間に身を潜めるようにして生息している。また、春先になると下流域同様、モクズガニの子供達も一時的に見られる。希に、オオヒライソガニも見つけることができる。

　河口域流心部に出現するカニ類はハサミに軟毛の束を備えているものが多く、時に種同定を間違えることがある。しかしながら、外顎脚（口の一番外側に位置している部分、第3顎脚とも言う）の形状で大まかに区別することができる。すなわち、外顎脚の坐節と長節との融合線が斜めになっているのはヒライソガニ属で、その他のカニ類は水平になっている。また、外顎脚の外肢が坐節よりも幅広いのはトゲアシヒライソガニモドキ属、ヒラモクズガニ属、ヒライソモドキ属のカニ類である。一方、幅が狭いのはモクズガニ

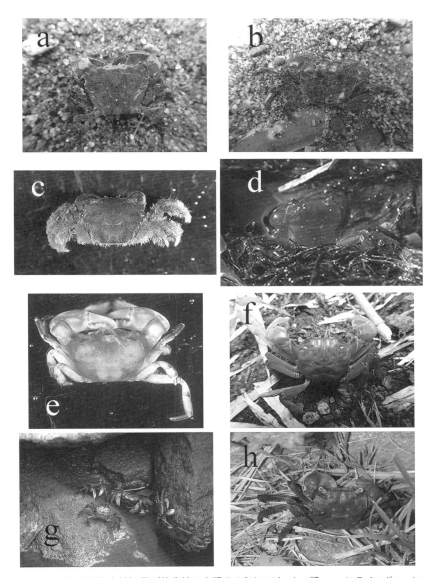

図 2-2-8. 河口域（汽水域）及び後背地に出現する主なエビ・カニ類. a：ヒライソガニ，b：ケフサイソガニ，c：トゲアシヒライソガニモドキ，d：アゴヒロカワガニ，e：タイワンヒライソモドキ，f：ベンケイガニ，g：クロベンケイガニ，h：アカテガニ

属、イソガニ属、オオヒライソガニ属である。各種の詳細な形態については、鈴木・成瀬（2013）を参照されたい。

　河口域は前述したように海水の影響を受け、この海水の影響の強弱は河口域に生息するカニ類の分布に微妙に影響している。タイワンヒライソモドキ、ヒメヒライソモドキやトゲアシヒライソガニモドキは、塩分濃度の高い感潮域の海側で、かつ、砂礫など比較的粒子の大きな底質のところに生息する。一方、アゴヒロカワガニは感潮域の上部周辺に分布している。このように河口域に生息する甲殻十脚類は海水の影響の微妙な違いに対してそれぞれの持つ塩分耐性などにより住み分けをしている。一方、食性に関してはほとんど違いはなく、概ね肉食系の雑食と考えられている。しかしながら、彼らがハサミに備えている軟毛の束がどのような役割、あるいは機能を持っているのかはまだ十分に解明されていない。

4．後背地のエビ・カニ類

　河口域や干潟の後背地には湿地帯、土手、クリークなどがある。底質は干潟や河口域とは違い泥や粘土が主で、比較的固い状態である。ここには穴居性のベンケイガニ類（ベンケイガニ Sesarmops intermedius（De Haan）（図2-2-8f）、クロベンケイガニ Chiromantes dehaani（H. Milne Edwards）（図2-2-8g）、アカテガニ Chiromantes haematocheir（De Haan）（図2-2-8h）、リュウキュウアカテガニ Chiromantes ryukyuanum Naruse & Ng など）、アシハラガニ類（アシハラガニ Helice tridens（De Haan）（図2-2-9a）、ヒメアシハラガニ Helicana japonica（K. Sakai & Yatsuzuka）（図2-2-9b）、ミナミアシハラガニ Pseudohelice subquadrata（Dana）（図2-2-9c）など）、アシハラガニモドキ類（ヒメアシハラガニモドキ Neosarmatium indicum（A. Milne Edwards）（図2-2-9d）など）、およびハマガニ Chasmagnathus convexus（De Haan）（図2-2-9e）類などが生息している（鈴木2002）。

　土手や護岸のくぼみや草本の影などを静かに観察していると、甲が赤いベンケイガニや赤や緑色をしたアカテガニ、リュウキュウアカテガニを見つけられる。前側縁に眼窩外歯と併せて2歯あるのがベンケイガニで、アカテガ

第 2 章　陸水域に暮らす生き物たち

図 2-2-9. 後背地及び暗川，湧水池に出現する主なエビ・カニ類．a：アシハラガニ，b：ヒメアシハラガニ，c：ミナミアシハラガニ，d：ヒメアシハラガニモドキ，e：ハマガニ，f：フタバカクガニ，g：アシナガヌマエビ，h：サキシマヌマエビ

ニ、リュウキュウアカテガニの前側縁には歯がない。また、クロベンケイガニはベンケイガニやアカテガニ類よりも少し大きく、甲が赤紫色を帯びた褐色あるいはより暗色になる。3種の住み場所は少しずつ違っていて、アカテガニは海辺から河川のかなり上流域まで生息し、陸域の高いところに巣穴を作る。クロベンケイガニは海辺から河川中流域まで分布し、アカテガニよりやや低地に生息する。水田にも侵入することがある。ベンケイガニは、河口域の狭いところではクロベンケイガニと混生するが、クロベンケイガニより高いところに生息する。反面、アカテガニほど高所には生息しない。また、クロベンケイガニよりも河川上流域に生息する傾向があり、さらにアカテガニよりも水辺や水中に生息する傾向がある。

さて、河口域に隣接する陸域の比較的乾いた石垣や岩壁などの隙間や転石の下を探してみると、甲が淡い黄色あるいは青色の地に、黒色の小点が集まって不定形の斑紋を形成し、ハサミ脚が黄色を帯びた、甲幅23mm程度のカニを見つけられる。これはフタバカクガニ Perisesarma bidens (De Haan)（図2-2-9f）と言うイワガニ科のカニである。このカニの甲は四角形で、額域は下方に強く曲るが、前側縁には眼窩外歯を含めて2個の鋭い歯がある。ハサミ脚の指節（ハサミの動く方）の上縁には13個の顆粒が等間隔で並ぶ。食性は雑食性で、土手に生えている草本などによじ登り昆虫なども捕食する。アカテガニに次いで高いところに登る習性が見られる。

後背地には、葦原や草原が広がるが、この地帯を観察するといたるところに穴が作られていることに気づく。この穴は、アシハラガニ類、アシハラガニモドキ類、あるいはハマガニ類の巣穴である（図2-2-10）。アシハラガニ類の眼窩下縁の上面には複数の顆粒が並び、発音器と言われている。この発音器の形や数は種や亜種の区別に用いられる。アシハラガニ類は、発音器とハサミ脚の長節内側面の末縁にある隆起（摩擦器と呼ばれる）とをすりあわせて音を出す。

図2-2-10. 後背地に作られたアシハラガニ類やハマガニ類の巣穴

ヒメアシハラガニやミナミアシハラガニは第1-4歩脚の前縁に短毛が密生していることでアシハラガニと区別できる。アシハラガニモドキ属のヒメアシハラガニモドキは2016年に初めて奄美大島から報告され（鈴木ほか2016）、本種の分布北限が奄美大島となった。本種の甲幅は25mm程度で、甲の背面は強く膨らみ、無毛で平滑である。前側縁は眼窩外歯を含めて2歯が明瞭であり、第3歯は痕跡的である。甲の背面は紫がかった暗色で、後半部に白い斑紋がある。ハサミ脚は腕節からハサミ部にかけて鮮やかな赤色を呈する。日本に広く分布するハマガニは甲幅45mm前後で、甲の背面は明瞭な溝により区分されており、特に正中線前半の溝は深く幅が広い。甲全体が赤紫色をしており、前縁や前側縁は鮮紅色で縁取れ綺麗な色彩を呈する。

　カニ類は成長するために脱皮をしなければならないが、脱皮後に甲を固くするためにカルシウムを必要とする。後背地の陸域に生息するカニ類は、簡単にカルシウムを得られないので、カニたちはいろいろな工夫をしている。例えば、アカテガニはザリガニ同様、脱皮期には胃石を作り、そこにカルシウムを蓄積し、脱皮後に利用する。一方、クロベンケイガニはアカテガニとは異なり、脱皮前にはカルシウムは血液中に蓄積され、そのため、残酷だけど、脱皮直後の軟らかい甲をつぶすと白色の粘液がでる。

5．暗川、湧水池のエビ・カニ類

　南西諸島の島々には隆起礁原が元になってできた島（喜界島、沖永良部島など）や島の一部が隆起礁原である島（徳之島など）がある。これら石灰岩（サンゴ礁）の部分は水の浸透により鍾乳洞や暗川が形成され、また、多くの湧水池などを作る。これら、暗川や湧水池にも独特のエビ・カニ類が生息する。奄美諸島における代表種がアシナガヌマエビ（図2-2-9g）とサキシマヌマエビ（図2-2-9h）である。

　アシナガヌマエビは体長25mm前後で、額角はほぼ真直ぐ、上縁は水平で25-32個の小さい歯があり、後方の10-12個は眼窩より後ろの頭胸甲上にある。下縁には11-23個の歯が密に並ぶ。眼はやや退化しているが、角膜部には色素が見られ、眼柄は短く、丈夫である。海水の入ってくる洞窟や井戸か

ら採集される。不思議なことに、現在までに採集されているのは本種のメスだけで、オスの採集例は全く無い。サキシマヌマエビは体長20-30mmで、額角は短くほとんどまっすぐで、上下両縁の先端近くに4-6個の非常に小さく、一部では不明瞭な歯がある。生時は、体が透明で、大小さまざまな灰色がかった青色の模様がみられる。本種の生活史は、喜界島における継続的な研究でかなり解明されたが（Anila et al. 2011）、幼生の発育場所など初期生活史についてはまだ不明な点が多く残されている。

以上、奄美諸島を主に陸水域のエビ・カニ類について解説してきたが、表2-2-1を見てもわかるように沖縄諸島の島々には島固有のサワガニ類が多数生息している。また、イリオモテヌマエビやイシガキヌマエビのように西表島や石垣島に固有のヌマエビ類も報告されている。これら、島々に固有の種は全て純淡水種である。このように南西諸島の陸水域はエビ・カニ類の生物多様性に富んだ地域である。

6．陸水域の紅藻類

河川や湖沼、湧水地には、様々な水草や藻類が見られる。特に、淡水藻類の多くは緑色藻類（広義の緑藻類）だが、紅藻類も一部生育している。紅藻類は6,000種以上に及ぶ大きな分類群だが、ほとんどは海産であり、淡水には200種ほどが知られているのみである（山岸 1998）。奄美群島では、オキチモズク *Nemalionopsis tortuosa* Yoneda et Yagi やシマチスジノリ *Thorea gaudichaudii* C. Agardh（チスジノリ目チスジノリ科）などの淡水紅藻類が、水のきれいな小河川や湧水地に見られる。ただし、これらの淡水紅藻類の分布は極めて局所的であり、湧水地や河川内でも木陰などの薄暗い環境に限られている。

淡水紅藻の生活史や生態は未解明の部分も多く残されているが、オキチモズクやシマチスジノリは光量 $20\mu mol$ photons m^{-2} sec^{-1} 程度の（ほとんど直射光の当たらないような）低光量環境でも効率よく光合成できることがわかってきた（Fujimoto et al. 2014、Terada et al. 2015、小園ほか 2018、Kozono et al. 2018）。このような環境では、他の水草などが暗すぎで繁茂できない。従っ

て、低光量条件で効率よく光合成できることは、競合種のいない生育空間
(ニッチ)を獲得することにつながり、環境への適応戦略の一つであると解
釈されている。また、河川の規模や流量、水質、底質、競合種の存在も生育
場所を決定づける重要な要因である。特に、湧水起源の水は清浄である一方
で、栄養塩に富んでおり、淡水紅藻の生育に適している。ただし、光量、流
量、底質、水質等の条件が淡水紅藻に適している場所は奄美群島内でも少な
いことから、生育地の希少性は極めて高い。しかし、奄美群島には湧水地や
湧水地起源の小河川が多く、未調査の地域もまだ残されている。今後の研究
が待たれるところである。

　オキチモズクは温帯から亜熱帯域にかけて見られる種であり、不規則に糸
状に分枝する形態は海藻のモズク類にも似ているが、分類学的には全く異な
る生き物である(図2-2-11a;Yoshizaki 2004)。本種は農村の集落周辺の用
水路に見られるが、国内で確認されている生育地は九州を中心に20カ所前
後と少ない。環境省では絶滅危惧種(絶滅危惧Ⅰ類)に指定されていると共

に、愛媛県、長崎県、熊本県の生育地3カ
所は国の天然記念物にも指定されている
(環境省 2015)。自然河川にも見られるが、
手入れの行き届いた用水路に多く見られる
ことから、豊かな農村社会と共に見られる
人里植物として重要視されている
(Fujimoto et al. 2014)。本種は琉球列島の
一部の島嶼でも見られ、口永良部島、奄美
大島、沖縄島での生育が確認されている。
口永良部島や奄美大島では、湧水地に近い
用水路に冬から春にかけて見られるが、い
ずれも日陰の場所に限られている。

　シマチスジノリは熱帯から亜熱帯にかけ
て分布する種で、日本国内では琉球列島に
のみ見られる。環境省の指定する絶滅危惧
種(絶滅危惧Ⅰ類)であり、沖縄県那覇市

図2-2-11. 奄美群島でみられる淡水紅藻類. a:奄美大島中部に見られるオキチモズク, b:与論島に見られるシマチスジノリ

の生育地は国の天然記念物にも指定されている（図 2-2-11b；環境省 2015）。本種は琉球列島の方言で「ガー」と「ゴー」と呼ばれる湧水地（湧水井戸）の日陰部分に見られるが、そこから流れ出る河川部分には殆ど見られない。このような湧水地は、水道が普及する前の時代には貴重な水源であり、各集落で大切に管理されてきた。しかし、現在は生活用水としての需要もなくなり、荒廃している場所が増えている。沖縄島にはかつて、20 カ所以上の湧水地に本種が確認されたが、現在は数カ所にまで激減している。奄美群島では、与論島の湧水地の 1 カ所で本種が確認されているが、この水源は良好に維持されており、本種が安定して確認されている。本種はチスジノリ類の中で最も低光量に適応しており、与論島の生育地は直射日光がほぼ当たらない場所に生育している。一方、実験室内で光合成活性を測定すると、強光条件下で顕著な光阻害を示すことが報告されている（Terada et al. 2015）。

これらの種類の他に、口永良部島や奄美大島ではオオイシソウ *Compsopogon caeruleus*（Balbis ex C. Agardh）Montagne（オオイシソウ目オオイシソウ科）などの種類がオキチモズクと同様に、日陰の用水路等に見られる（環境省 2015）。しかし、本分類群の分類については再検討が必要であり、具体的な種名については省略したい。

淡水紅藻の生育地は様々な環境条件の組み合わせによって成立しており、いずれの河川、湧水地でも局所的な分布である。従って、湧水地の荒廃や小河川の水質悪化などは、生育環境の悪化や生育地の消失をもたらす深刻な懸念事項である。シマチスジノリやオキチモズクはいずれも環境省の絶滅危惧種に指定されている。最近の研究で明らかになってきた各種の至適な光や水質、生育環境に関する知見は、保護区の検討や保全の施策の際に有益であると考える。農村の荒廃で最初に影響を受けるのは湧水地や小河川であり、これらの環境悪化によって失われるのは淡水紅藻であることから、淡水紅藻の存在は農村の健全度を象徴する指標種になりうると言える。

（久米 元・米沢俊彦・鈴木廣志・寺田竜太）

参考／引用文献

Anila NS, Suzuki H, Kitazaki M, Yamamoto T（2011）Reproductive aspects of two atyid shrimp *Caridina sakishimensis* and *Cardina typus* in head water streams of Kikai-jima Island, Japan. Journal of Crustacean Biology.（31）：41-49.

Aritomi A, Andou E, Yonezawa T, Kume G（1994）Monthly occurrence and feeding habits of larval and juvenile Ryukyu-ayu *Plecoglossus altivelis ryukyuensis* in an estuarine lake and coastal area of the Kawauchi River, Amami-oshima Island, southern Japan. Ichthyological Research.（64）：159-168.

Fujimoto M, Nitta K, Nishihara GN, Terada R（2014）Phenology, irradiance and temperature characteristics of a freshwater red alga, *Nemalionopsis tortuosa* （Thoreales）, from Kagoshima, southern Japan. Phycological Research.（62）：77-85.

林 公義・伊藤 孝・林 弘章・萩原清司・木村喜芳（1992）奄美大島の陸水性魚類相と生物地理学的特性．横須賀市立博物館研究報告．40：45-63.

環境省編（2015）Red Data Book 2014　9巻　植物Ⅱ（蘚苔類、藻類、地衣類、菌類）．日本の絶滅のおそれのある野生生物．579pp．ぎょうせい．東京

小園淳平・Nishihara G-N・遠藤 光・寺田竜太（2018）鹿児島県産淡水紅藻オキチモズク *Nemalionopsis tortuosa* の光合成における光阻害と低温の複合作用．藻類．（66）：1-6.

Kozono J, Nishihara G-N, Endo H, Terada R（2018）Effect of temperature and PAR on photosynthesis of an endangered freshwater red alga, *Thorea okadae,* from Kagoshima, Japan. Phycologia.（57）：619-629.

久米 元（2016）絶滅危惧種リュウキュウアユの生活史．鹿児島大学生物多様性研究会編著．奄美群島の生物多様性．pp.254-260．南方新社．鹿児島

黒木亮太朗（2017）奄美大島住用湾に出現する魚類仔稚魚の出現様式と摂餌生態．鹿児島大学水産学研究科修士論文．37pp

西田 睦・鹿谷法一・諸喜田茂充編著（2003）琉球列島の陸水生物．東海大学出版会．神奈川．572pp

Sawashi Y, Nishida M（1994）Genetic differentiation in populations of the Ryukyu-ayu *Plecoglossus altivelis ryukyuensis* on Amami-oshima Island. Japanese

Journal of Ichthyology. (41): 253-260.

四宮明彦・池 俊人 (1992) 奄美大島における陸水域の魚類相．鹿児島大学水産学部紀要. (41): 77-86.

四宮明彦・笹邊幸藏・櫻井 真・岸野 底 (2005) 奄美大島住用湾におけるキバラヨシノボリ孵化仔魚の形態と仔稚魚の出現場所．魚類学雑誌.(52): 1-8.

鈴木廣志 (2002) エビ・カニ類．鹿児島の自然を記録する会編　川の生きもの図鑑―鹿児島の水辺から―．pp. 315-344. 南方新社，鹿児島

鈴木廣志 (2016) 第3部　第7章 薩南諸島の陸水産エビとカニ―その種類と生物地理―．鹿児島大学生物多様性研究会編　奄美群島の生物多様性研究最前線からの報告，pp. 278-347. 南方新社，鹿児島

鈴木廣志・佐藤正典 (1994) かごしま自然ガイド　淡水産のエビとカニ．西日本新聞社．福岡．141pp

鈴木廣志・成瀬 貫 (2011) 1.3 日本の淡水産甲殻十脚類．川井唯史・中田和義編著．エビ・カニ・ザリガニ―淡水甲殻類の保全と生物学―．pp. 39-73. 生物研究社．東京

鈴木廣志・米沢俊彦 (2016) ヒメアシハラガニモドキ $Neosarmatium\ indicum$ (A. Milne Edwards, 1868) の奄美大島における初記録．Nature of Kagoshima, 42：453-455.

諸喜田茂充 (1975) 琉球列島の陸水産エビ類の分布と種分化について―Ⅰ．琉球大学理工学部紀要(理学編)．(18)：115-136.

諸喜田茂充 (1979) 琉球列島の陸水エビ類の分布と種分化について―Ⅱ．琉球大学理学部紀要．(28)：193-278.

諸喜田茂充 (1989) 奄美大島の陸水産エビ類相と分布．環境庁自然保護局編，昭和63年度奄美大島調査報告書，pp. 267-275.

諸喜田茂充・吉野哲夫・比嘉義視 (1990) 奄美大島の河川産魚類相と分布―南西諸島における野生生物の種の保存に不可欠な諸条件に関する研究 (昭和63年度奄美大島調査報告書)．環境庁自然保護局．10pp

Terada R, Watanabe Y, Fujimoto M, Tatamidani I, Kokubu S, Nishihara G-N (2015) The effect of PAR and temperature on the photosynthetic performance of a freshwater red alga, *Thorea gaudichaudii*（Thoreales）from Kagoshima, Japan. Journal of Applied Phycology.（28）：1255-1263.

渡邊 俊（2012）黒潮が運ぶボウズハゼ―熱帯淡水性魚類の両側回遊．松浦啓一編著．黒潮の魚たち．pp. 113-141．東海大学出版会．神奈川

渡邊 俊（2017）生活史と回遊．矢部 衛・桑村哲生・都木靖彰 編著．魚類学．pp. 199-219．恒星社厚生閣．東京

山岸高旺（1998）淡水藻類写真集ガイドブック．132pp. 内田老鶴圃．東京

Yoshizaki M（2004）. Thallus structure and reproductive organs of *Nemalionopsis tortuosa*（Rhodophyta）. Bulletin of the National Science Museum Series B（Botany）.（30）：55-62.

第 3 部

海辺で暮らす生き物たち

第1章
海辺に見られる生息場

　第3部では、奄美群島の海岸域、つまり陸と海の境界線にすむ生物をとりあげる。海岸は潮汐に伴って干出と冠水を繰り返すが、その幅が最も大きくなるのは、2週間に一度の大潮の時である。大潮の最高満潮線と最低干潮線の間を「潮間帯」とよぶが、海洋生物にとって「潮間帯」は、干出のたびに乾燥と温度や塩分の変化に曝される過酷な環境であるといえる。また、潮間帯より上の「潮上帯」にも海水がかかることがあるため、海岸生物が生息している。この「潮上帯」は高潮時や波や風が強いときに波しぶきがかかるため、「飛沫帯」ともよばれる。海の生きものにとっては潮間帯よりもさらに厳しい環境であるが、競争相手や捕食者が少ないという利点もある。一方、潮間帯より下の「潮下帯」は、常時海水に浸された浅い場所であり、乾燥に弱い海藻や海草が繁茂しやすい場所である。同じ海岸でも、「潮上帯」、「潮間帯」、「潮下帯」という高度差によって環境（特に乾燥の程度）が大きく異なり、そこに生息する種構成も異なる。

　海洋生物の生息環境は、様々な環境要因が関わって決まる。水温はもちろん、光合成を行う藻類や植物プランクトンにとっては光条件や栄養塩が重要であるが、陸に近い場所では乾燥という問題があり、河口域や地下水の流入域では塩分環境が極めて特徴的な変化を示す。水温は気候帯や海流によって決まるが、塩分の変動は河川水と地下水の影響を受けているので、地形・地質にも左右されると考えられる。一方で、生物がその環境でいかに暮らしていくかという意味では、底質の違いが重要である。たとえば、基質が堅ければ流されないように固着又は強く付着することができるが、表面にしか生息場所が得られない。一方で、基質が柔らかければそこに潜って隠れることができるため、好ましくない環境を避けることができる。

堅い基質（岩盤）で構成されている岩礁潮間帯（いわゆる磯）では、荒波にも流されないように岩の表面に強く固着する生物が卓越する。底が岩盤であるため、そこで暮らす生物は、一部の例外を除いて底質に潜ることができず、潮汐に伴う環境変化をその場で堪え忍ぶことになる。底質が転石の場合（転石潮間帯）は、「石の下」が多くの生物の隠れ家として利用される。一方、波あたりが弱くてなだらかな地形の場所に砂や泥が堆積してできる干潟では、底質の表面に生息する表在性の生物だけでなく底質の内部に潜り込む埋在性の生物も多くなる。砂浜（砂質干潟）は開放的な海岸にできやすく、泥混じりの干潟は水流の弱い内湾奥部や河口域にできやすい。また、熱帯・亜熱帯地域では、干潟の上部に耐塩性の樹木による林（マングローブ）が形成されることがあり、鹿児島県（鹿児島市喜入町や種子島）は、マングローブの分布の北限に位置している。

　第3部では、潮間帯と潮上帯の生息場所を高さと底質別に分け、中心になる海岸生物を紹介していく。まず、陸上植生から海岸まで連続的に傾斜が続いていて、潮上帯部に生物が生息できる場所や、飛沫帯に転石が集積した「飛沫転石帯」をとりあげる。いずれも、海岸の埋め立てや護岸が進んだ現代の日本ではあまり見られなくなっており、奄美群島でも姿を消しつつある環境である。

　続いて、マングローブ林を含む干潟に生息する底生生物を紹介する。底生生物はベントスともよばれ、基質上に固着あるいは付着して生活しているが、干潟では底質中に潜って生活するものも多く、底質環境はベントスにとって重要な環境要因である。とりわけ底質の「粒度」、すなわち砂や泥の粒子の大きさは重要である。粒度が異なると、底質の保水力も異なる。干潮時、砂や泥の粒子の間に海水が溜まって水分が保持されるが、粒子が小さいほど（泥っぽいほど）相対的に隙間は大きくなるため、底質の重量に占める水の割合が大きくなる。干潟にすむベントスは干潮時の「乾燥」に耐える必要があるが、底質の粒度はその乾燥の程度を左右する。また、砂泥の粒子の表面には、生産者である底生微細藻類（主に珪藻）や河川などから流入し堆積した様々な起源の有機物片（デトリタス）が付着している。その付着面積は粒度が小さいほど相対的に大きくなる。堆積物中の有機物はベントスに

とって重要な餌となるため、粒度が細かい泥っぽい場所ほど餌が多いということになる。ただし、そのような場所では、細菌による有機物の分解で酸素が多く消費されるために、特に夏の高温期に「貧酸素」の状態になりやすい。そのような状態の干潟を掘ると、泥が黒くなり、有毒な硫化水素が悪臭を放っている。こうなると多くのベントスは生きてゆけない。

　最後に、岩礁潮間帯（磯）に見られる生物を取り上げる。海岸生物にとっては極めて厳しい生息環境であるが、大潮干潮時には干出するサンゴ礁の礁原や、潮がひいた後岩のくぼみなどに海水が残ってできるタイドプールなどでは、周辺とは異なる環境・生物が見られることがある。

　以上のように、海と陸の間の様々な位置に海岸生物の生息場所があり、それぞれに特徴的な生息環境を備えている。その環境に応じて、主に生息する生物とその生活スタイルが決っていくのである。

(山本智子・佐藤正典・鈴木廣志)

第2章
潮上帯から陸域で暮らす生き物たち

　河口干潟など、河川の延長線上に位置する潮上部の陸域（例えば後背湿地やクリークなど）については第2部第2章（陸水域でくらす生き物たち）で解説した。本章では、前浜干潟やそれに続く岩礁域の潮上部に生息する動物について解説する。

　この潮上部は潮間帯の上に位置することから潮上帯と呼ばれていたが、現在では飛沫の届く場所という意味の飛沫帯と呼ばれることが多く、その後方には内陸部が続く。飛沫転石帯とは、海水の飛沫が届き、海の影響の及ぶぎりぎりの上限にある転石帯のことで、砂浜あるいは岩礁と植生帯との間に位置する転石帯のことである（図3-2-1）。この飛沫転石帯は乾燥しており、砂地や岩礁の上に転石、大礫あるいは

図3-2-1．島嶼海岸線にみられる飛沫転石帯．a；奄美大島大浜海岸，b；種子島中種子町の海岸

巨礫などが折り重なっていて、一見すると生物の到底住めない環境と思われ、研究対象から見過ごされてしまっていた。そのため、護岸や海岸道路の建設が進み、飛沫転石帯は急速に消失してきた。このままでは飛沫転石帯を生活史の一部に利用している種や、飛沫転石帯を介して陸域と海域を行き来する種の生息が脅かされることを危惧し、近年、南西諸島における飛沫転石

帯の甲殻十脚類の研究が行われた（Ng *et al* 2000；Komai *et al* 2004；Osawa & Fujita 2005；藤田・砂川 2008；鈴木・他 2008；永江・他 2010；藤田 2018）。

1．飛沫転石帯に出現する甲殻十脚類

　既存の知見と永江（2010）の研究結果をまとめたのが表 3-2-1 である。これによると南西諸島の飛沫転石帯では、少なくとも 5 科 18 属 28 種の甲殻十脚類が出現する。鹿児島県本土は 3 科 6 属 6 種、種子島では 3 科 6 属 7 種、屋久島では 2 科 3 属 4 種、奄美大島では 5 科 14 属 17 種、先島諸島（宮古島、多良間島、石垣島、与那国島）では 5 科 11 属 18 種が出現し、奄美大島から鹿児島県本土にかけて種数が一気に減少する。この出現種の中には、環境省並びに沖縄県や鹿児島県において絶滅危惧種あるいは準絶滅危惧種に指定されているムラサキオカガニ *Gecarcoidea lalandii* H. Milne Edwards（図 3-2-2a）やヒメケフサイソガニ *Hemigrapsus sinensis* Rathbun をはじめ、オオナキオカヤドカリ *Coenobita brevimanus* Dana（図 3-2-2b）、イワトビベンケイガニ *Metasesarma obesum*（Dana）（図 3-2-2c）、そしてヒメオカガニ *Epigrapsus notatus*（Heller）（図 3-2-2d）の 5 種（出現種の 18％）が含まれている（成瀬 2005；沖縄県 2005；環境省 2006；永江・他 2010；鹿児島県 2016）。

　各地域の種組成を見ると、オカヤドカリ類とイワトビベンケイガニは奄美大島と石垣島で多く、種子島と屋久島を境に減少し、ムラサキオカヤドカリ *Coenobita purpureus* Stimpson（図 3-2-2e）以外は鹿児島県本土に出現しない（表 3-2-2）。ヤエヤマヒメオカガニ *Epigrapsus politus* Heller（図 3-2-2f）、ミナミアカイソガニ *Cyclograpsus integer* H. Milne Edwards、カクレイワガニ *Geograpsus grayi*（H. Milne Edwards）は奄美大島と石垣島のみに出現する反面、ベンケイガニ、アカテガニとカクベンケイガニ *Parasesarma pictum* De Haan は鹿児島県本土で多く種子島、屋久島、奄美大島と減少し、石垣島には出現しないか、極めて少数しか出現しない。

第2章 潮上帯から陸域で暮らす生き物たち

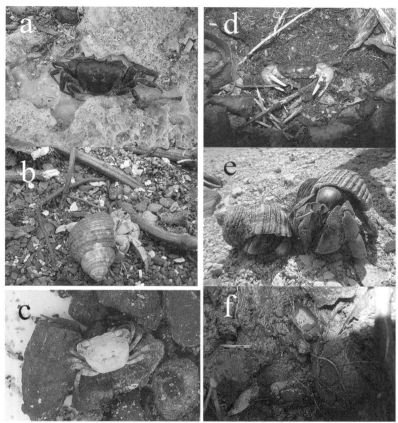

図 3-2-2. 飛沫転石帯に出現する主な甲殻十脚類. a；ムラサキオカガニ（石垣島），b；オオナキオカヤドカリ（石垣島），c；イワトビベンケイガニ（奄美大島），d；ヒメオカガニ（石垣島），e；ムラサキオカヤドカリ（奄美大島），f；ヤエヤマヒメオカガニ（奄美大島）

飛沫転石帯の利用

　出現した各種は、飛沫転石帯をどのように利用しているのであろうか。出現個体数が多かった優占5種について、各種の体長組成を指標として飛沫転石帯の利用について検討した（図 3-2-3）。これによるとヤエヤマヒメオカガニとイワトビベンケイガニは若齢個体から成熟個体までが飛沫転石帯に出

63

表 3-2-1. 九州南部および南西諸島の飛沫転石帯に出現する甲殻十脚類

科　名	種　名	
オカヤドカリ科 Coenobitidae		
	オオナキオカヤドカリ	*Coenobita brevimanus* Dana, 1852
	オカヤドカリ	*C. cavipes* Stimpson, 1858
	ムラサキオカヤドカリ	*C. purpureus* Stimpson, 1858
	ナキオカヤドカリ	*C. rugosus* H.Miline Edwards, 1837
	ヤシガニ	*Birgus latro* (Linnaeus, 1767)
ベンケイガニ科 Sesarmidae		
	マルガオベンケイガニ	*Chiromantes lleptomerus* Davie & Ng, 2013
	アカテガニ	*C. haematocheir* (de Haan, 1833)
	リュウキュウアカテガニ	*C. ryukyuanum* Naruse & Ng, 2008
	フジテガニ	*Clistocoeloma villosum* (A.Milne-Edwards, 1869)
	ハマベンケイガニ	*Metasesarma aubryi* A. Milne-Edwards, 1869
	イワトビベンケイガニ	*M. obesum* (Dana, 1851)
	カクベンケイガニ	*Parasesarma pictum* De Haan, 1835
	フタバカクガニ	*Perisesarma bidens* (De Haan, 1835)
	ベンケイガニ	*Sesarmops intermedium* (De Haan, 1835)
モクズガニ科 Varunidae		
	ミナミアカイソガニ	*Cyclograpsus integer* H.Milne Edwards, 1837
	アカイソガニ	*C. intermedius* Ortmann, 1894
	ヒメアシハラガニ	*Helicana japonica* (Sakai & Yatsuzuka, 1980)
	ヒメケフサイソガニ	*Hemigrapsus sinensis* Rathbun, 1931
	ミナミアシハラガニ	*Pseudohelice subquadrata* (Dana, 1851)
	モクズガニ	*Eriocheir japonicus* (de Haan, 1835)
オカガニ科 Gecarcinidae		
	オカガニ	*Discoplax hirtipes* Dana, 1851
	ヘリトリオカガニ	*D. rotunda* (Quoy & Gaimard, 1824)
	ミナミオカガニ	*Cardisoma carnifex* (Herbst, 1796)
	ヒメオカガニ	*Epigrapsus notatus* (Heller, 1865)
	ヤエヤマヒメオカガニ	*E. politus* Heller, 1862
	ムラサキオカガニ	*Gecarcoidea lalandii* H.Milne Edwards, 1837
イワガニ科 Grapsidae		
	オオカクレイワガニ	*Geograpsus crinipes* (Dana, 1851)
	カクレイワガニ	*G. grayi* (H.Milne Edwards, 1853)

薩摩・大隅半島	種子島	屋久島	奄美大島	先島諸島
−	−	−	−	●
−	−	−	−	●
●	●	●	●	●
−	●	●	●	●
−	−	−	−	●
				●
●	●	−	−	−
			●	
			●	●
			●	●
		●	●	
●	●		●	●
			●	
●	●	●		
●	−	−	−	−
−	−	−	●	
			●	
●	−	−	−	−
−	−	−	−	●
−	−	−	−	●
−	−	−	●	●
−	●	−	●	●
−	−	−	●	●
−	−	−	−	●
−	−	−	●	●
−	−	−	●	●

第3部　海辺で暮らす生き物たち

表 3-2-2. 九州南部および4島の飛沫転石帯における甲殻十脚類の相対出現個体数. 数値は1人当たり1時間当たりの個体数

種名	
オカヤドカリ科　Coenobitidae	
オオナキオカヤドカリ	*Coenobita brevimanus* Dana, 1852
ムラサキオカヤドカリ	*C. purpureus* Stimpson, 1858
ナキオカヤドカリ	*C. rugosus* H.Milne Edwards, 1837
ベンケイガニ科　Sesarmidae	
マルガオベンケイガニ	*Chiromantes leptomerus* Davie & Ng, 2013
アカテガニ	*Chiromantes haematocheir* (de Haan, 1833)
リュウキュウアカテガニ	*Chiromantes* sp.
フジテガニ	*Clistocoeloma villosum*（A.Milne-Edwards,1869）
イワトビベンケイガニ	*Metasesarma obesum*（Dana, 1851）
カクベンケイガニ	*Parasesarma pictum* De Haan, 1835
フタバカクガニ	*Perisesarma bidens*（De Haan, 1835）
ベンケイガニ	*Sesarmops intermedium*（De Haan, 1835）
モクズガニ科　Varunidae	
ミナミアカイソガニ	*Cyclograpsus integer* H.Milne Edwards, 1837
アカイソガニ	*Cyclograpsus intermedius* Ortmann, 1894
ヒメアシハラガニ	*Helicana japonica*（Sakai & Yatsuzuka, 1980）
ヒメケフサイソガニ	*Hemigrapsus sinensis* Rathbun, 1931
ミナミアシハラガニ	*Pseudohelice subquadrata*（Dana, 1851）
モクズガニ	*Eriocheir japonicus*（de Haan, 1835）
オカガニ科　Gecarcinidae	
ミナミオカガニ	*Cardisoma carnifex*（Herbst, 1796）
ヒメオカガニ	*Epigrapsus notatus*（Heller, 1865）
ヤエヤマヒメオカガニ	*Epigrapsus politus* Heller, 1862
ムラサキオカガニ	*Gecarcoidea lalandii* H.Milne Edwards, 1837
イワガニ科　Grapsidae	
オオカクレイワガニ	*Geograpsus crinipes*（Dana,1851）
カクレイワガニ	*Geograpsus grayi*（H.Milne Edwards,1853）

第2章 潮上帯から陸域で暮らす生き物たち

薩摩・大隅半島	種子島	屋久島	奄美大島	石垣島
				0.9
0.3	2.6	1.5	10.8	2.6
	0.2	1.0	2.7	86.7
				+
0.5	0.1			
				0.4
			1.4	
	0.3	0.75	1.5	5.9
3.9	1.9		3.2	0.9
			+	
7.0	7.5	3.6	+	
			0.3	0.4
0.1				
			0.6	
			+	
			1.0	
0.1				
			0.1	
	0.2			0.5
			8.9	3.0
			+	+
			+	+
			0.5	0.5

第3部 海辺で暮らす生き物たち

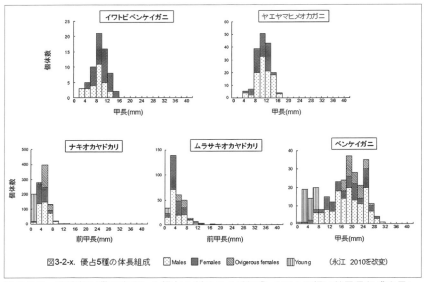

図3-2-3. 飛沫転石帯に出現した優占5種のサイズ組成．ヤドカリ類は前甲長組成を示し，カニ類は甲長組成を示した

現し、また夜間にも同環境で出現した。既存の報告から飛沫転石帯以外での出現の報告が無いこと、並びにイワトビベンケイガニでは雌の抱卵個体が出現したことから、底着後の生活史全般を飛沫転石帯で過ごすことが考えられた。つまり、これら2種にとって飛沫転石帯は極めて重要な環境と言える。

一方、オカヤドカリ類のナキオカヤドカリ *Coenobita rugosus* H. Miline Edwards とムラサキオカヤドカリ、及びベンケイガニの3種も若齢個体から成熟個体までが飛沫転石帯に出現し、雌の抱卵個体も出現した。しかしながら、既存の報告によると飛沫転石帯以外の海岸環境からもこれら3種の出現が多いという報告があり、同環境は3種にとって生息環境の1部であることが考えられる。このように飛沫転石帯ではイワトビベンケイガニとヤエヤマヒメオカガニが主な種と考えられる。

主要種の特徴

イワトビベンケイガニ（図3-2-2c）は、甲幅17mm未満の小型種で、甲の

前縁は甲幅の 1/2 より大きく、強く下垂し触覚域を覆う。第 2 触角は眼窩の外に位置し、甲の側縁はほぼ平行で歯を有していない。ハサミ脚掌節の表面はほぼ滑面を呈している。生息場所により色彩変異が見られる。奄美大島では崎原、大浜海岸、国直、スリ浜、および小湊の点在した地点で出現した。国直には比較的高密度で生息していた。乾燥には強いようで、転石下がかなり乾燥しているところでも生息している。国外では、インド―太平洋に広く分布し、国内では、沖縄島、宮古島、石垣島、黒島、西表島、多良間島、与那国島から報告されている（Komai et al. 2004；沖縄県 2005）。

ヤエヤマヒメオカガニ（図 3-2-2f）は、甲幅 40mm 未満の小型種で、甲の前側縁の歯がきわめて小さいことによって日本産オカガニ科の他種と容易に区別できる。第 3 顎脚はほぼ正方形を示し、歩脚の表面に棘や剛毛は極めて少なく、その長節と指節は比較的太く短い。奄美大島では芦花部、大浜海岸、国直、ヒエン浜、金崎、チェチェン浜、実久、スリ浜、ホノホシ海岸、嘉徳、および小湊と多くの地点で採集された。特に、芦花部、国直、小湊に多く生息していた。イワトビベンケイガニとは対照的に転石下の湿ったところに多く生息する傾向が見られた。国外では、タヒチ島、カロリン諸島、パプアニューギニアのバートランド諸島、北スマトラ島に分布し、国内では、沖縄島、久米島、宮古島、石垣島、西表島、多良間島、与那国島、および魚釣島から記録されている（Ng et al. 2000；沖縄県 2005；Osawa & Fujita 2005；藤田・砂川 2008）。

以上、主たる出現 2 種について解説したが、南西諸島の希少種としてムラサキオカガニ（図 3-2-2a）も 2008 年 6 月 10 日に奄美大島大浜海岸の転石帯の岩盤上に堆積した石の下から 1 個体採集された（鈴木・他 2008）。本種は、額が頗る狭く甲幅の 1/5 以下で、前縁は中央でくぼむ。甲の形は横楕円形で、眼が比較的小さい。体色は紫色で、本種和名の由来になっている。ハサミ脚腕節の内隅には、その突起上に 3-4 の小棘がある。国外では台湾からアンダマン諸島にかけ分布しており、国内では石垣島のみから記録されている。

２．内陸域に出現する甲殻十脚類

　一見生物が生息していないような飛沫転石帯には28種の甲殻十脚類が出現した。その中にあって、多良間島ではヤシガニ *Birgus latro*（Linnaeus）の稚ガニが採集され（藤田・砂川 2008）、奄美大島で採集されたムラサキオカガニは甲幅11.6mm、甲長9.6mmの稚ガニであった（鈴木・他 2008）。これは、飛沫転石帯に続く内陸部に生息する種にとって、飛沫転石帯がナアサリ・エリアであることを意味している。

　内陸部には主としてオカヤドカリ類とオカガニ類が分布する。飛沫転石帯やその後背に位置するアダンの茂みなどの植生帯には、ある程度成長したナキオカヤドカリやムラサキオカヤドカリが生息している。さらに内陸部の畑地や人家があるところでは、大型のムラサキオカヤドカリやオカヤドカリ *Coenobita cavipes* Stimpson が生息する。彼らが利用している貝殻を見ると、アマオブネガイやサザエなどの海生貝類の貝殻もあるが、大型の個体になると陸生マイマイの貝殻を利用する個体も目立つ（図3-2-4a, b）。時にはプラスチックキャップを利用していることもある（図3-2-4c）。オカヤドカリ類は日中の日差しが強く気温が高い時間帯には、岩陰、岩の亀裂やアダン林中の落ち葉などの湿り気がある日陰に身を隠している。また、大型のオカヤドカリなどは土中に巣穴を掘って昼間は巣穴内にじっとしている。日が陰り、気温も下がると岩陰や草陰、あるいは巣穴から出てきて摂餌や水分補給をする。オカヤドカリ類は雑食で、熟したアダンの実や動物の死骸などを食べるが、畑地などに堆肥として捨てられた残飯なども食する。

　同様に内陸部ではオカガニ類も生息しており、海岸に比較的近い地域にはムラサキオカガニやヒメオカガニが生息し、それよりも少し中に入るとオカガニ *Discoplax hirtipes* Dana（図3-2-4d）やオカガニ類中最大のミナミオカガニ *Cardisoma carnifex*（Herbst）などが生息している。彼らは樹木の根元や隆起礁原の間隙などを利用しながら、土中に巣穴を掘って穴居生活を送っている。繁殖期になると卵を抱えたメスが大挙して海岸線に向かい、海水中に潜って放幼することが知られている。オーストラリア領のクリスマス島で

第 2 章 潮上帯から陸域で暮らす生き物たち

図 3-2-4. 内陸部に出現した主な甲殻十脚類. a；陸生貝を宿貝とするナキオカヤドカリ（奄美大島），b；陸生貝を宿貝とするムラサキオカヤドカリ（奄美大島），c；プラスチックキャップを宿貝代わりにするムラサキオカヤドカリ（奄美大島），d；オカガニ（石垣島）

は、オカガニ類の Gecarcoidea natalis が繁殖期になると大挙して人家の存在もかまわず海岸まで移動することで有名である。彼らの食性も雑食で、動物の死骸から植物の種子まで幅広く食すことが知られている。この雑食性が植物の種子散布に貢献する可能性が報告されている。1985 年に、南太平洋タブアエラン島の Cardisoma carnifex が植物の果実を運び、平均 7.3m の範囲にその種子を散布することが報告された（Lee 1985）。また、メキシコのベラクルスでは、親木から落ちた果実の大半が Gecarcinus lateralis によって持ち去られるという報告もある（Capistran-Barradas et al. 2006）。一方、前述のクリスマス島では Gecarcoidea natalis が 17 種の果実を自分の巣穴へ運び、採食時にその多くは破損されるが、一部は正常な状態で残ることも報告されている（O'Dowd & Lake 1991）。日本においては、オカガニ類による種子散布の研究はまだ行われていないが、第 2 部第 2 章で紹介したアカテガニ、ベン

ケイガニ、およびクロベンケイガニがこの種子散布に貢献している可能性が報告されている（伊藤・他 2011）。

3．飛沫転石帯の今後；終わりにあたって

図 3-2-5．飛沫転石帯の現状．a；護岸等の人工物の設置（石垣島白保海岸），b；様々な漂着物（奄美大島芦花部），c；漂着した木材（石垣島白保海岸）

　以上甲殻十脚類を中心に飛沫転石帯とそれに続く陸域の状況について述べてきたが、これらの他にも、飛沫転石帯には昆虫類（アリ類やゴキブリ類など）や巻貝類（クビキレガイ類など）が生息している（藤田 2018）。このように飛沫転石帯は多くのカニ類、ヤドカリ類のみならず、多くの無脊椎動物にとって生活史全般、あるいは生活史の一時期で重要なハビタットを担っていると言える。一方、諸言でも述べているが、本地域は護岸、海岸道路の整備、親水公園の建設（図 3-2-5a）などによりかなり消失している。また、国内外から廃プラスチック類、発泡スチロール、医療廃棄物、廃棄漁具、流木などが多数本地域に漂着している（図 3-2-5b, c）。これら廃棄物は長期にわたり飛沫転石帯に止まり、その間に劣化、小断片化した発泡スチロールやプラスチック類が転石の間に入り込んで堆積し、乾燥化が進むと同時に動物の生息環境を奪うことが危惧される。また、オカヤドカリ類にとっては、これら廃棄物による巻貝類の減少が利用で

きる貝殻の減少につながるという（図 3-2-4c）、間接的な影響も危惧される。今後は、安易な開発を止め、また漂着物を無くすすべを検討し、今まで見過ごされていた飛沫転石帯の重要性を認識し、本地域の保全方策を検討すべきである。

(鈴木廣志)

参考／引用文献

Capistran-Barradas A, Mareno-Casasola P, Defeo O (2006) Postdispersal fruit and seed remobval by the crab *Gecarcinus lateralis* in a coastal forest in Veracruz, Mexico. Biotropica. 38：203-209.

藤田喜久・砂川博秋 (2008) 多良間島の洞穴性および陸性十脚甲殻類．宮古島市総合博物館紀要．12：53-80.

藤田喜久 (2018) エビ・カニ類の生息場所から見た沖縄の海の自然環境．沖縄県立芸術大学開学30周年記念論集．85-103.

伊藤信一・鈴木智和・小南陽亮 (2011) 温帯海岸林における陸ガニの果実採食と種子散布．日本生態学会誌．61：123-131.

鹿児島県環境林務部自然保護課編 (2016) 改訂・鹿児島県の絶滅のおそれのある野生動植物 動物編．鹿児島市，401pp

環境省自然環境局野生生物課編 (2006) 改訂・日本の絶滅のおそれのある野生生物—レッドデータブック—7 クモ形類・甲殻類等，財団法人自然環境研究センター．東京．86pp

Komai T, Nagai T, Yogi A, Naruse T, Fujita Y, Shokita S (2004) New records of four grapsoid crabs (Crustacea：Decapoda：Brachyura) from Japan, with notes on four rare species. Natural History Research, 8(1)：33-63.

Lee MAB (1985) The dispersal of *Pandanus tectorius* by land crab *Cardisoma carnifex*. Oikos. 45：169-173.

永江万作 (2010) 夏季の南西諸島および鹿児島県本土における飛沫転石帯の十脚甲殻類．鹿児島大学大学院水産学研究科修士論文．51pp

永江万作・鈴木廣志・藤田喜久・組坂遵治・上床雄史郎 (2010) 希少カニ類2種の種子島と屋久島における初記録．Nature of Kagoshima. 36：19-22.

成瀬 貫（2005）ヒメオカガニ．220．沖縄県編．「改訂・沖縄県の絶滅のおそれのある野生生物（動物編）レッドデータおきなわ」．沖縄県．561pp

Ng PKL, Nakasone Y, Kosuge T（2000）Presence of the land crab, *Epigrapsus politus* Heller（Decapoda, Brachyura, Gecarcinidae）in Japan and Christmas Island, with a key to the Japanese Gecarcinidae. Crustaceana. 73：379-381.

O'Dowd DJ, Lake PS（1991）Red crabs in rain forest, Christmas Island：removal and fate of fruits and seeds. Journal of Tropical Ecology. 7：113-122.

沖縄県編（2005）改訂・沖縄県の絶滅のおそれのある野生生物（動物編）レッドデータおきなわ．那覇市．561pp

Osawa M, Fujita Y（2005）*Epigrapsus politus* Heller, 1862（Crustacea：Decapoda：Brachyura：Gecarcinidae）from Okinawa Island, the Ryukyu Islands, with note on its habitat. Biological Magazine, Okinawa. 43：59-63.

鈴木廣志・藤田喜久・組坂遵治・永江万作・松岡卓司（2008）希少カニ類3種の奄美大島における初記録．CANCER．17：5-7.

第3章
干潟・マングローブで暮らす生き物たち

1. 奄美大島の干潟に生息する底生生物

干潟の役割
　干潟は、平坦な地形の潮間帯に川や海によって運ばれた砂や泥がたまって形成されるハビタットであり、内湾の河口域でよく見られる。陸上から、様々な有機物（微細な生物やその死骸）や植物の光合成に不可欠な栄養塩が入ってくることから、海洋において最も生産性の高い生態系のひとつである。干潟では、このような有機物や、砂泥の粒の表面に生息する珪藻などの微細藻類、植物プランクトンが食物連鎖の起点となり、水中の有機物を濾し取る懸濁物食者や堆積物を取り込んで粒子表面に含まれる有機物を吸収する堆積物食者がそれを消費している。そして、消費者である底生生物は、干潟に飛来する鳥類や大型の魚類などの高次捕食者に捕食される。このように、移動力の大きな高次捕食者によって干潟生態系に流入した有機物や栄養塩が陸や沖に持ち去られるため、沿岸域に流入した有機物が除去できるのである（菊池 1993）。干潟に生息する底生生物は、食物連鎖を通して物質循環に寄与し、富栄養化の防止という干潟の生態系機能を支えていると考えられる。

奄美大島の干潟における底生生物相
　干潟では多くの底生生物が底質表面や底質内に生息しており、奄美群島の干潟には様々な希少種が分布している（名和 2008；日本ベントス学会 2012；三浦・三浦 2015）。著者らはこれまで、奄美群島を含む鹿児島県内の干潟で底生生物の調査を行ってきた（山本ほか 2009；上野ほか 2014；

2015；緒方ほか 2016）。そこで、九州南部の干潟と奄美大島の干潟で同一手法によって調査を行い、底生生物相を地域間で比較することとした。調査地は、八代海の南部に位置する鹿児島出水市蕨島の西対岸の江内干潟と、鹿児島湾奥部の姶良市重富海岸、及び奄美大島の笠利湾奥の手花部干潟と住用マングローブに隣接する住用干潟である（図 3-3-1）。各干潟で海岸線と垂直に 3 から 5 本のラインをひき、それぞれのライン上に干潟全体を網羅するよう等間隔で、各干潟 24 か所になるよう調査地点を設置した（上野ほか 2015）。調査地点あたり 3 個のコアを深さ 10cm まで打ち込み、その中の底質を 1mm の篩で篩って、底生生物を採集した。なお、調査は 2012 年と 2013 年の 6 月から 7 月の大潮干潮時に行った。

表 3-3-1 は、各干潟で採集された底生生物の種数を分類群別に示したものである。南九州と奄美大島の調査地で見られた底生生物の種数は 69 種と 63 種でほぼ等しく、種多様性に明瞭な地域差は見られなかった。一方で、種多様性は同一地域内でも干潟間で大きく異なっていた。分類群別の種数で見ると、奄美群島では節足動物の甲殻類が

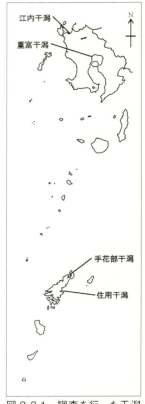

図 3-3-1. 調査を行った干潟の位置

多く、南九州では軟体動物が多いという傾向がある。ただし、重富干潟ではウミニナ *Batillaria multiformis*（Lischke）など底質表面で活動する腹足類、江内干潟ではユウシオガイ *Moerella rutila*（Dunker）やアサリ *Ruditapes philippinarum*（Adams & Reeve）など底質に潜って懸濁物食を行う二枚貝類が優占していた。

環形動物多毛類、軟体動物腹足類と二枚貝類、節足動物甲殻類、ともに地域間の共通種は極めて少なく、甲殻類では両地域に出現した種は 1 種しかなかった。これは、両地域が異なる生物地理区に位置するためと考えられる。

表 3-3-1. 各干潟において採集された底生生物の分類群別種数

		江内	重富	手花部	住用	南九州の干潟(うち奄美の干潟にはいない種)	奄美の干潟(うち南九州の干潟にはいない種)
刺胞動物門		1	—	1	—	1 (1)	1 (1)
棘皮動物門		1	1	1	—	2 (1)	1 (0)
扁形動物門		1	—	—	—	1 (1)	—
星口動物門		1	—	—	—	1 (1)	—
扁形動物門		—	—	1	1	—	1 (1)
紐形動物門		1	—	—	—	1 (1)	—
環形動物門	多毛綱	12	5	10	3	16 (13)	12 (9)
軟体動物門	腹足綱	13	4	8	4	16 (13)	11 (8)
	二枚貝綱	12	6	9	2	13 (10)	11 (8)
腕足動物門		1	—	1	—	1 (0)	1 (0)
節足動物門	甲殻綱	15	3	15	13	16 (15)	24 (23)
脊椎動物	条鰭綱	1	—	1	1	1 (0)	1 (0)
総種数		59	19	47	24	69 (56)	63 (50)

生物各種が地理的にどの範囲に分布しているのかを整理していくと、分布の北限や南限が多くの種で共通しているという場所がある（本川 2005）。この線を越えると生物相が大きく変わるが、線と線の間ではよく似た生物相がみられるという範囲、これを生物地理区と呼ぶ。西村（1981; 1992）によると、鹿児島県における海岸生物（主にベントス）の生物地理区は、小宝島より南の熱帯区、薩摩半島・大隅半島南岸まで（かなり北になるが甑島もこちらに含まれる）の亜熱帯区、それ以北の温暖帯区に分けられる。奄美大島は熱帯区、南九州は亜熱帯区に属することになる。

　図 3-3-2 は、採集された個体数の分類群別割合を干潟間で比較したものである。干潟に生息する底生生物には底質中に潜って生活する埋在性の種が多いが、ウミニナ類など腹足類の多くは底質の表面で活動している。節足動物には、巣穴を掘って主に底質中に生息するものと表面で活動するものの両方が見られるため、生活形別に示してある。奄美大島の干潟では、埋在生活をおくる節足動物の甲殻類が個体数の大部分を占めており、南九州では軟体動物が優占していたが、江内干潟では埋在性の二枚貝類が、重富干潟では表面

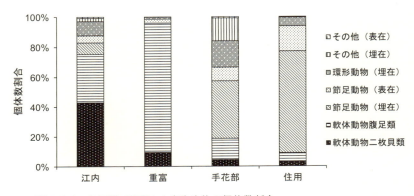

図 3-3-2. 各干潟で出現した底生生物の個体数割合

で活動する腹足類が個体数の多くを占めていた。このことは、地域と干潟によって物質循環を中心的に担う底生生物が異なっていることを示している。

奄美大島の干潟におけるミナミコメツキガニの有機物除去機能

奄美大島の住用干潟において、特に甲殻類の現存量が分かるように示した図が図 3-3-3 である。干潟全体にわたって節足動物が個体数の大部分を占めること、中でも陸に近い場所ではミナミコメツキガニ *Mictyris guinotae* Davie, Shih & Chan、海に近いところはスナガニ科の密度が高いことがわかる。この干潟で見られたスナガニ科の種は、ヒメヤマトオサガニ *Macrophthalmus banzai* Wada & Sakai、チゴガニ *Ilyoplax pusilla*（De Haan）、リュウキュウコメツキガニ *Scopimera ryukyuensis* Wong, Chan & Shin などである。住用干潟の底生生物に占める個体数割合でみると、ミナミコメツキガニが約 40％、スナガニ科の甲殻類が 23％を占めた。

ミナミコメツキガニとスナガニ科の各種は、底質上の珪藻類や有機物を餌とする堆積物食者である。干潟には、微小生物の死骸などが陸上から流入し、植物プランクトンなどの海域起源の有機物も堆積するだけでなく、川から栄養塩が豊富に流入し、日照量も多いため、珪藻など微細藻類が底質上で増殖しやすい。このような有機物は従属栄養細菌の栄養源でもあるため、堆積物食者に利用されなければ細菌が分解することになる。その過程で細菌は

第3章　干潟・マングローブで暮らす生き物たち

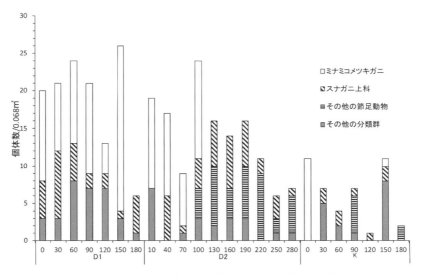

図 3-3-3．住用干潟で出現した底生生物の個体数．海岸線に対して垂直に引いた 3 本のラインに沿って計 24 個の調査地点を設置し，底生生物を採集した．図では 3 コア分の個体数を積み上げグラフで示しているおり，x 軸上の数字が小さいほど陸に近い調査地点を示す．各調査地点で篩った底質は約 0.068m² となる

大量に酸素を消費することから、干潟の生息環境が悪化する可能性がある。ミナミコメツキガニやスナガニ科のような堆積物食者は、干潟の有機物を摂餌し、シギやチドリなど干潟に飛来する鳥類の餌となることによって、このような環境悪化を防いでいるとも考えられる。また、このようなカニ類は、底質中に巣穴を掘ることが多く、それによって底質中に酸素を供給するという役割も担っているのである。

　このように、干潟の底生生物のうち現存量の 40％を占めるミナミコメツキガニは、干潟の物質循環と生息環境の維持において重要な役割を果たしていると言える。本種が底質を掘り返す様式には 2 種類あり、底質表面にトンネル状の構造物を形成するトンネル式摂餌と集団を形成しながら摂食歩行を行う放浪式摂餌に分けられる（山口 1976）。放浪式摂餌では粒度の細かい成分を口器で選り分け、残りを砂団子として排出するが、トンネル式摂餌では表面近くの底質を摂餌し、大きな砂団子にして体の斜め上に押し上げる。そ

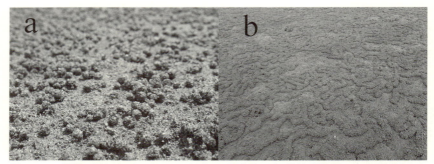

図 3-3-4．干潟で見られるミナミコメツキガニの活動跡。a）放浪式摂餌によって形成された砂団子，b）トンネル式摂餌により形成されたトンネルが，干潟表面を覆う

の結果、干潟の表面に浅い溝ができ、その上を砂団子の固まりが覆うトンネルが形成される。後者はサイズに関係なく行うのに対し、前者は大型の個体が行うとされており、住用干潟でも、2種類の摂餌跡が形成される（図 3-3-4）。この干潟でミナミコメツキガニの行動を観察したところ、底質が柔らかい場所では放浪個体による放浪式摂餌が、底質が硬い場所ではトンネル式摂餌が確認できた。放浪個体は潮が引いて 15〜45 分すると底質中から出現し、時間の経過とともに増加する。そのため、放浪個体の大集団が形成され、集団が移動した後の底質表面には放浪式摂餌による砂団子が確認できる。底質表面が乾いてくると放浪個体の活動は落ち着き、次第に集団は解体、バラバラに行動するようになる。放浪個体は 3 時間程度活動したのち底質に潜り活動を終える。一方でトンネル式摂餌は、干出時には一部の場所でしか確認できないが、時間の経過に伴い底質が乾くと、干潟の広範囲で確認できるようになる。住用干潟では、干出から間もない、底質が乾いてない状態では放浪式摂餌が、時間が経過し底質が乾くとトンネル式摂餌が主に行われることから、ミナミコメツキガニの摂餌行動は底質の環境に依存しているようである。

奄美大島の干潟に生息する主なカニ類

　ここまで、奄美大島の干潟では、南九州の干潟に比べ甲殻十脚類の占める割合が高く、その中でも住用干潟ではミナミコメツキガニが大半を占めてい

ること、そしてそのミナミコメツキガニの干潟における物質循環への寄与についても研究成果を紹介してきた。それでは、奄美大島の干潟で多数を占める甲殻十脚類にはどのような種があるであろうか。

　干潟に生息する主なカニ類はスナガニ類、モクズガニ類、オサガニ類である。河口干潟の最上部、陸生植生帯と隣接するあたりは、比較的乾燥し、礫や転石に粘土質が混ざった底質を示している。このような場所には、スナガニ類のオキナワハクセンシオマネキ *Austruca perplexa* (H. Milne Edwards)、ベニシオマネキ *Paraleptuca crassipes* (White) やモクズガニ類のアシハラガニなどが生息している。彼らは、この比較的硬い底質に巣穴を作り群生している（図3-3-5a）。

　ベニシオマネキは甲幅16mmになる種で、オスの大鉗脚は美しい紅色をしている。甲面や歩脚も同じ紅色を示す個体もいるが、多くのオスは青と黒の斑模様を示している（図3-3-5b）。一方雌では多くの個体で全身きれいな紅色をしている（図3-3-5c）。オキナワハクセンシオマネキはマングローブ林内にも出現するので、詳細はマングローブの章を参照されたい。アシハラガニは甲幅30mmになる種で、干潟最上部から河川後背地に広く分布しており、詳細は第2部第2章を参照されたい。

　最上部から河川澪筋に近づいていくと、泥質分が多くなり、かつ湿り気も増してくる。この付近では、スナガニ類のヒメシオマネキ *Gelasimus vocans* (Linnaeus) やヤエヤマシオマネキ *Tubuca dussumieri* (H. Milne Edwards) が多く生息している。ヒメシオマネキは甲幅17mmになる種で（図3-3-5d）、オスの大鉗脚の不動指が橙色を呈すが、甲の色は黄白色、青灰色、茶褐色とさまざまである。近年、先島諸島の干潟ではミナミヒメシオマネキ *Gelasimus. jocelynae* (Shih, Naruse & Ng) が本種と同所的に生息することが報告され、また、宮崎県ではホンコンシオマネキ *Gelasimus. borealis* (Crane) が報告されるなど、ヒメシオマネキの詳細な分布調査が今後必要と思われる。ヤエヤマシオマネキはマングローブ林内でも観察され、詳細はマングローブ林の章を参照されたい。ただ、若い個体は青色斑の甲面を示すこともあり（図3-3-5e）、甲面前半が青白色を示す近似種のリュウキュウシオマネキ *Tubuca coarctata* (H. Milne Edwards) と見誤る事がある。しかしながら、リュウキュ

第3部　海辺で暮らす生き物たち

図3-3-5.　干潟に出現する主なカニ類-1.　a；群生するベニシオマネキとその巣穴，b；ベニシオマネキ（オス），c；ベニシオマネキ（メス），d；ヒメシオマネキ（オス），e；ヤエヤマシオマネキ（若い個体），f；チゴイワガニ，g；ツノメチゴガニ，h；ヒメヤマトオサガニ

ウシオマネキの大鉗脚指節（可動指）内縁には先端から1/4くらいまで幅広い大歯があるので、この点で区別ができる。

さらに、目を凝らして探すと、甲幅7mmの小型のオサガニ類であるチゴイワガニ *Ilyograpsus nodulosus* Sakai（図3-3-5f）を見つけられることもある。本種は日本固有種で、奄美大島を含む限られた地域でしかその生息は確認されておらず、その生息数も少ない希少種の1つである。同じく甲幅7mm程度の小型種のツノメチゴガニ *Tmethypocoelis choreutes* Davie & Kosuge（図3-3-5g）はチゴイワガニの生息環境よりも砂交じりの底質に巣穴を掘って生活している。奄美大島以南に分布し、九州各地の河口干潟に分布するチゴガニと同様のウェービング行動が見られる。

澪筋など常に水流のある所に行くと、オサガニ類のヒメヤマトオサガニ、フタハオサガニ *Macrophthalmus convexus* Stimpson、メナガオサガニ *Macrophthalmus serenei* Takeda & Komai などが見られ、時としてワタリガニ類のミナミベニツケガニ *Thalamita crenata*（Latreille）などが見られることもある。ヒメヤマトオサガニ（図3-3-5h）は甲幅23mm程度で、形態はヤマトオサガニ *Macrophthalmus japonicus*（De Haan）に似るが、ウェービングに違いが見られ、本種は鉗脚を高く上げる万歳型のウェービングをする。フタハオサガニは甲幅20mm程度の種で（図3-3-6a）、鉗脚の指部内縁に毛が密生し、不動指中央と可動指の基部にそれぞれ幅広い1歯があることで、容易に区別ができる（図3-3-6b）。メナガオサガニは甲幅20mm程度の種で（図3-3-6c）、眼柄をたたんだ時に眼窩に収まらず甲からはみ出す。名前の由来でもある。ヒメメナガオサガニ *Macrophthalmus microfylacas* Nagai, Watanabe & Naruse と混同されやすいが、本種の方が大きくなり、体サイズ比で相対的に短い眼柄を持つことで区別される。

ミナミベニツケガニは甲幅70mm程度になる種で、体色は青みを帯びた褐色を呈する（図3-3-6d）。額は先が丸くなった6歯からなり、前側縁には鋭い5歯があり、第4・第5歯はやや小さい。甲面は平滑で軟毛はなく、左右対称に4条の稜線が走る。奄美大島以南に生息する。

奄美大島大浜海岸などの前浜干潟ではスナガニ類のツノメガニ *Ocypode ceratophthalmus*（Pallas）（図3-3-6e）やミナミスナガニ *Ocypode cordimana*

第3部　海辺で暮らす生き物たち

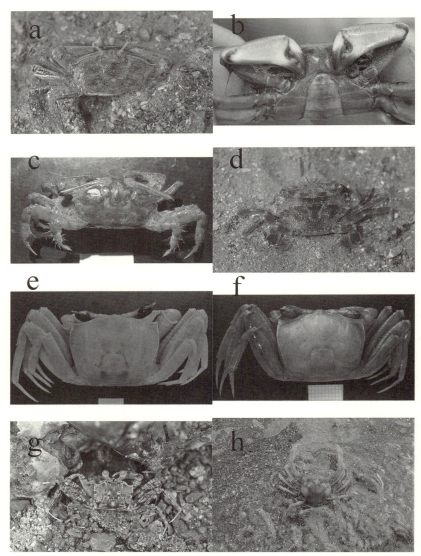

図 3-3-6. 干潟に出現する主なカニ類 -2. a；フタハオサガニ（背面），b；フタハオサガニ（腹面），c；メナガオサガニ，d；ミナミベニツケガニ，e；ツノメガニ（成体），f；ミナミスナガニ，g；ツノメガニ（若い個体），h；給水姿勢のミナミコメツキガニ

Latreille（図 3-3-6f）を見ることができる。両種とも飛沫帯の砂浜やそれに隣接する植生帯に巣穴を掘って生息する。ツノメガニは甲幅35mmになる種で、甲は白色に甲後半面に暗褐色の帯状斑紋が一対ある。成長したオスの眼の先端には角のような突起があるが、メスや小型の個体ではこの突起は小さい（図3-3-6g）。薄暮の夕方から夜間に巣穴を出て摂餌活動などをする。動きが速く、驚いて逃げるときにはまるで幽霊が動いたように見えるので、ゴーストクラブという英名を持つ。ミナミスナガニは甲幅20mm程度の種で、甲は生息地の底質の色に似て淡褐色や灰褐色を呈する。鉗脚は左右で大きさが異なる。前述のツノメガニと異なり、昼間も巣穴から出て活動をすることもあるが、動きはとても速い。

　干潟に生息するカニ類のうち、飛沫帯やそれより内陸部にすむミナミスナガニやツノメガニは夜行性で夜間巣穴から出てきて摂餌活動などをし、その他のスナガニ類やオサガニ類は干潮時に巣穴から出てきて摂餌活動などをする。前者は腐肉食あるいは腐肉食の強い雑食性で、後者は堆積物食者であり、どちらも干潟およびその周辺地域の物質循環の一翼を担っている。ところで、彼ら干潟に生息するカニ類は、水分を必要とする鰓呼吸という呼吸機構を維持しながら、干潮時あるいは夜間に空気中で活動している。そのため鰓の水分が蒸発して、呼吸水が不足する危険が生じた。これを補うために彼らは巣穴を深く掘り常に伏流水が巣穴内にある状態にしておいたり（ミナミスナガニやツノメガニなど）（地学団体研究会生痕研究グループ 1989）、呼吸水を補給する仕組みを持っていたりする（多くのスナガニ類やオサガニ類）（Matsuoka & Suzuki 2011）。呼吸水の補給方法には概ね2つの方法があり、ほとんどのスナガニ類やオサガニ類は歩脚の付け根にある毛の束を使って水分を鰓のある部屋へと補給している。ミナミコメツキガニだけは違っていて、甲の後縁に多くの毛が密に列んでいて、この部分を水の溜まっている場所にへたりこむようにつけて（図3-3-16h）、鰓のある部屋へ水分を補給する（Matsuoka et al. 2012）。水中生活と陸上生活の両方を行うためにカニたちは色々と工夫しているようである。干潟に行った時には一度じっくりと観察すると面白い行動が見られると思う。

　　　　　　　　　　　　　　　（山本智子・遠藤雅大・上野綾子・鈴木廣志）

2. マングローブ林の底生生物

マングローブ生態系とそこにくらす海岸生物

　波当たりが穏やかな河口域には砂や泥が堆積した干潟が形成されるが、熱帯・亜熱帯地域では、海水に耐性を持つ樹木（マングローブ又はマングローブ植物）が林を形成することがある。マングローブ林である（田川 1999）。日本沿岸におけるマングローブ林の北限は鹿児島市の生見海岸とされているが（鹿児島県環境林務部自然保護課 2016）、ある程度まとまった面積の林は奄美群島以南でしか見られない。特に奄美大島の住用川と役勝川の河口域には、70ヘクタールにも及ぶマングローブ林が広がっており、その面積は西表島に次いで日本第2位なのだ。マングローブ植物は世界で100種近くあるが、住用マングローブには、メヒルギ Kandelia obovata Sheue, H. Y. Liu & W. H. Yong とオヒルギ Bruguiera gymnorrhiza (L.) Lamk. が分布している。

　マングローブ林では、樹冠や幹の部分を鳥や陸上昆虫が利用し、冠水する幹の下部にはフジツボ類やカキ類など固着動物が付着して、根の間に巻貝類やカニ類などの底生生物が生息しており、陸と海の両方の生態系が混ざり合っている。このように、異なる生態系の接点となる場所をエコトーンと呼ぶ。底質中は二枚貝類やスナガニ類など、干潟に近い底生生物相が見られ、満潮時には海水中にある立体構造を魚類やエビ類など遊泳する生物が利用している（中村・中須賀 1998）。

　物質循環という視点でこの生態系を見ると、マングローブという陸上植物が生産者の役割を担っている点が、海岸にある他の生息場所と大きく異なっている。干潟の食物連鎖は、海水中に浮いている有機物を濾し採る懸濁物食者が餌とする植物プランクトンや、底質上の珪藻類を起点としているが、マングローブ林では、これらに加えて、マングローブ植物の葉が供給されるのだ。特に落葉は、底質に生息する底生生物が直接採餌したり、底生生物によって破砕されたものがバクテリアに分解されたりして食物連鎖に取り込まれる（図3-3-7）。このように分解された有機物から始まる食物連鎖を腐食連鎖と呼ぶ（福岡ほか 2010）。陸上植物がもたらす豊かな有機物と隠れ場所

となる空間構造があるため、マングローブ林は、多くの海岸生物に保育場として利用されている（中村・中須賀 1998）。

マングローブ林の下部には干潟が広がっていることが多く、底生生物の中には両方で見られる種もある。しかし、林内には樹木が提供する立体構造と日陰があるなど、生息環境の違いが大きく、マングローブ林に特異的な種も多い（今・黒倉 2009）。住用マングローブでは、オキナワアナジャコ *Thalassina anomala*（Herbst）やヤエヤマヒルギシジミ *Gelonina erosa*（Gmelin）などがマングローブ林に特異的な種とされている（鹿児島県環境林務部自然保護課 2016）。また、マングローブ林内においても、底質、川との距離、樹木の状況によって環境に空間変異があり、場所によって異なる底生生物が見られると考えられる。林・山本（2011）はマングローブ林内と下流に広がる干潟部で底生生物の調査を行っているが、比較的干潟に近い場所でしか調査していない。そこで著者らは、住用マングローブ林全域にわたって複数の調査区を設けて、底生生物の調査を行った。

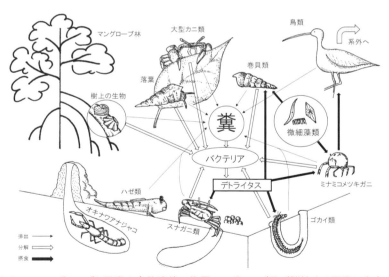

図 3-3-7. マングローブと干潟の食物連鎖. 住用マングローブ及び隣接する干潟に生息する主な種の食性を元に作成した

住用マングローブ林内の底生生物分布

調査は、2017年7月の大潮干潮時に行った。航空写真と林内の景観写真（図3-3-8）から、住用マングローブ林は、マングローブが密集した場所（図3-3-8i, l）、その辺縁部で幼樹や若木が生育する場所（図3-3-8d, k）、河川沿いで樹冠のない部分（図3-3-8d, j）、マングローブの根が露出するほど河畔が削られた場所（図3-3-8i, l）、林内奥部で陸上植生も見られる場所（図3-3-8a）など、様々な環境に分けられる。そこで、できるだけ環境の異なる6地点に調査区を設定し、各地点4人で15分間に目についた底生生物を採

図3-3-8. 住用マングローブに見られる底生生物の生息環境．mは住用マングローブ林の上空写真．写真下側を流れる川が役勝川、上を流れているのが住用川．写真a〜lは写真mの各地点で撮影した

集することとした。

　奄美群島は 2017 年 3 月 7 日に国立公園に指定され、住用マングローブ林は全域が特別保護地区である。そのため、採集した生物はその場で同定と記録を行った後、放流している。ただし、いくつかの種については 2018 年 8 月に環境省からの許可を得た上で捕獲し、標本による同定を行った。採集にあたっては底質の攪乱をできるだけ控えたため、対象とした生物群は、底質表面で活動するものや特徴的な巣穴があるなど底質表面からその生息が確認できるものに限られる。

　表 3-3-2 は、マングローブ内で見られた底生生物を各環境別に示している。チゴガニは全ての調査地点で出現したが、クロベンケイガニ（第 2 部第 2 章参照）とユビアカベンケイガニ *Parasesarma tripectinis*（Shen）は陸上植生が見られるような乾いた場所でのみ確認された。逆に、オキナワハクセンシオマネキとツノメチゴガニ、リュウキュウコメツキガニは、樹冠のない干潟部でしか採集されていない。多くの種は、樹幹のない干潟部、樹幹の下、陸上植生の下、にそれぞれ分かれて分布しているように見える。オキナワアナジャコ（図 3-3-9a）はマングローブの樹幹下に塚（図 3-3-9b）を作っているが、塚によって地盤が高くなるためか、大きくなった塚の周辺には陸上植生が進出していた。このことは、マングローブ林内の環境が底生生物の分布を決定するだけでなく、底生生物によって植生や林内の環境が変わるという、双方向の関係を示している。

　マングローブ生態系では、樹木が食物連鎖の起点になるだけでなく、日陰や立体的な構造のある生息場所を提供しており、植生の状態は底生生物の分布に大きな影響を与えていると考えられる。しかし一方で、マングローブ林は常に陸域と海域の境界線に位置しており、林は不動不変のものではない。成樹が密集する林の中心部では実生の成長が悪くなり、光があたる周辺部で成長が良いため、幼樹が密集するのは林の周辺部、特に海岸側になる（図 3-3-8d, k）。樹木が根を張ることによって、林内には流入した底質は堆積し続け、地盤が高くなっていく。マングローブの海側では幼樹が林を拡大し、後背部は陸化していくため、マングローブ生態系は海側へと拡大していくのである。海面が上昇すれば、干潮時も干出しないような場所ではマングロー

表 3-3-2 マングローブ内の特徴的な環境で見られた底生生物各種

門	綱	和名	学名
軟体動物門	腹足綱	カノコガイ	*Clithon faba*（Sowerby, 1836）
		ヒメカノコ	*Clithon oualaniense*（Lesson, 1831）
		シマカノコ	*Neritina turrita*（Gmelin, 1791）
		ムラクモカノコ	*Vittina variegata*（Lesson, 1831）
		ヒロクチカノコ	*Neripteron cornucopia*（Benson, 1836）
		カワザンショウガイ科の1種	Assimineidae sp.
		ウミニナ属の1種	*Batillaria* spp.
		ドロアワモチ属の1種	*Onchidium* sp.
		カタシイノミミミガイ	*Cassidula crassiuscula* Mousson, 1869
	二枚貝綱	ヤエヤマヒルギシジミ	*Geloina erosa*（Gmelin, 1791）
節足動物門	軟甲綱	オキナワアナジャコ	*Thalassina anomala*（Herbst, 1804）
		アシハラガニ	*Helice tridens*（De Haan, 1835）
		フタバカクガニ	*Parasesarma bidens*（De Haan, 1835）
		クロベンケイガニ	*Chiromantes dehaani*（H. Milne Edwards, 1853）
		ユビアカベンケイガニ	*Parasesarma tripectinus* Shen, 1940
		チゴガニ	*Ilyoplax pusilla*（De Haan, 1835）
		ツノメチゴガニ	*Tmethypocoelis choreutes* Davie Kosuge, 1995
		リュウキュウコメツキガニ	*Scopimera ryukyuensis* Wong, Chan & Shih, 2010
		ヒメヤマトオサガニ	*Macrophthalmus banzai* Wada & Sakai, 1989
		オキナワハクセンシオマネキ	*Austruca perplexa*（H. Milne Edwards, 1852）
		ヤエヤマシオマネキ	*Tubuca dussumieri*（H. Milne Edwards, 1852）
		アリアケモドキ	*Deiratonotus cristatum*（de Man, 1895）

ブ植物が枯れてしまうため、森林そのものが陸側へ後退する。

　このように、マングローブは陸と海の境界線上で変動し続ける生態系であり、そのことによって海岸生物と陸上生物に貴重な生息場所を提供するとともに、海岸域の環境を安定させる役割を果たしていると考えられる。

マングローブ林内に出現する主な甲殻十脚類

　前項までに、住用マングローブ林内外における底生生物の分布状況とその生息環境について解説したが、ここでは手花部のマングローブでの観察結果も踏まえて、マングローブ林内に出現する甲殻十脚類について解説する。前

マングローブ林内	マングローブと陸上植物が混在	マングローブ外（干潟）
○		
○		
○		
○		
○		
○		
○		
○		
○		
○		
○	○	
○		
○		
	○	
	○	
○		○
		○
		○
		○
○		
○		
○		

　述したように奄美大島のマングローブ林の主樹はメヒルギとオヒルギであり、これらは気根をいたるところに出している（図 3-3-8b, e, h）。そのため林内は粒径の小さい泥質、粘土質の粒子が厚く堆積する底質となっている。このマングローブ林内に生息するオキナワアナジャコは、茶褐色の体色で不完全なハサミを持ち、体長155㎜になる大型の種で、甲は全体に無毛平滑で円筒形を呈し、腹部はやや扁平である。国内では琉球列島に分布し、奄美大島が北限である。国外ではインド―西太平洋域に広く分布している。本種は軟泥底林内の潮間帯上部に高さ1mに達するチムニー型の巣、すなわち塚を作る。この塚は地上部が1m程であるが、地下部はループ状になってい

第3部 海辺で暮らす生き物たち

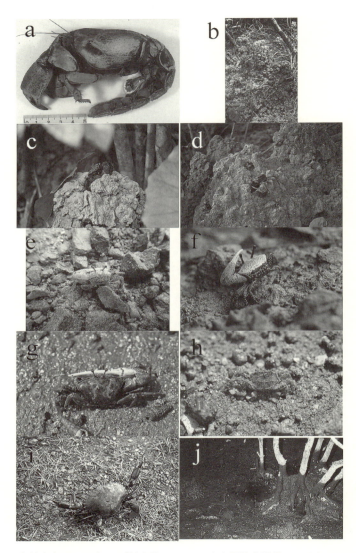

図3-3-9. 奄美大島のマングローブ林内外にみられる主な甲殻十脚類. a; オキナワアナジャコ, b; オキナワアナジャコの塚（巣）, 奥は使われていないもの, 手前は現在も使われているもの, c; 使われなくなった塚を利用するクロベンケイガニ, d; 使われなくなった塚を利用するハマガニ, e; オキナワハクセンシオマネキ, f; シモフリシオマネキ, g; ヤエヤマシオマネキ, h; アリアケモドキ, i; アミメノコギリガザミ, j; ノコギリガザミ類の巣穴

て、それに続いて時には2m近く深く掘り下げられている。夜行性で、夜間塚を上ってきて塚の増築や修復をする。塚の先端周辺に湿った真新しい泥が見られるのは修復、あるいは増築した後で、住人がいる証拠でもある（図3-3-9b）。オキナワアナジャコのいなくなった塚は常に乾燥した状態となり、クロベンケイガニやハマガニが再利用していることもある（図3-3-9c, d）。

住用マングローブ林では、樹冠のない干潟部にみられたオキナワハクセンシオマネキは（図3-3-9e）、手花部のマングローブ林（住用に比べ規模は小さい）ではその林内にもみられた。手花部のマングローブ林内では、奄美大島の他のマングローブ林ではまだ生息が確認されていないシモフリシオマネキ *Austruca triangularis*（A. Milne Edwards）（図3-3-9f）も生息していた（鈴木ほか 2015）。

オキナワハクセンシオマネキは、甲幅20mm前後の種で、ハクセンシオマネキ *Austruca lactea*（De Haan）に酷似するが、オスの第1腹肢の形状で区別できる。国外ではフィリピン、東インド諸島、ニューギニア、ソロモン、フィジー、ニューヘブリデスに分布し、国内では奄美大島以南の琉球列島から報告されている。

シモフリシオマネキは、甲幅16mm程度の小型種で、甲の後半が黒色、前半が白色～灰色で黒色の点が散在する。また、ハサミ脚や歩脚は灰色と黒の斑模様となる美しい種である。国外では、西部太平洋地域に広く分布し、国内では奄美大島、沖縄島、久米島、石垣島、西表島から報告されている。

一方、住用ではマングローブ林内で見られたヤエヤマシオマネキ（図3-3-9g）とアリアケモドキ *Deiratonotus cristatum*（de Man）（図3-3-9h）は、手花部のマングローブ林ではマングローブ林外や澪筋の比較的泥質や粘土質の堆積する場所にも生息していた。

ヤエヤマシオマネキは、甲幅22mmの種で、ハサミ外面の中央から下縁にかけて濃いこげ茶色の色帯が縦に走り、上縁及び上縁に近い面は縦に淡青色を示す。若い個体の甲背面は青色斑を示すこともある。国外では、フィリピン、インドネシア、パラオ、ニューギニア、オーストラリアなどに分布し、国内では奄美大島以南の琉球列島から報告されている。

アリアケモドキは、甲幅17mm程度の種で、甲は横長の六角形を呈し、甲

背面中央には明瞭な稜線がある。国外では、サハリン、朝鮮半島、中国大陸、ベトナムに分布し、国内では、北海道から沖縄まで報告されている。遺伝的には３つの個体群に分かれることが知られている。奄美大島の個体群はその一つである。以上はマングローブ林内外に生息する主な甲殻十脚類であるが、マングローブ林内をねぐらとするものもいる。水産的にも有用な甲幅155mm以上になるノコギリガザミ類である。

　日本で見られるノコギリガザミ類には現在３種が知られているが、奄美群島ではアミメノコギリガザミ *Scylla serrata* (Forsskal)（図 3-3-9i）が多く見られる。本種は、ハサミ脚や歩脚（遊泳脚を含む）に見られる黒い網目模様、額中央の４歯の形状、及びハサミ脚腕節の外側に位置する棘の数と形状により、他の２種と区別される。ノコギリガザミ類はマングローブの根元に巣穴を掘って（図 3-3-9j）、昼は巣穴に潜み、夜巣穴から出て摂餌などの活動する夜行性である。

　このようにマングローブ林の利用は種によって異なっており、同時に同種でもその規模によって変わっているようである。

〈山本智子・川瀬誉博・木下そら・鈴木廣志〉

３．奄美大島住用マングローブ林と干潟に生息する貝類
　　―シレナシジミとリュウキュウザクラを例に―

　住用川と役勝川が流れ込み、大きなマングローブ林としては北限に位置する奄美大島のマングローブ林には、河口に大きな干潟がひろがっている。川、マングローブ林、干潟、海という連続した生態系は、それぞれが密接に繋がり、連続していることが非常に重要になっている。この地域には多くの生物が生息している。その中でも、特に注目を集めている生物としてリュウキュウアユがあげられる。リュウキュウアユは産卵後、沿岸や内湾において約２ヶ月間生息し、稚アユに成長し川に戻っていくと考えられ、これは連続した生態系を利用している一例である。また、奄美群島住用川河口には砂泥地ではミナミコメツキガニ、泥地ではヒメヤマトオサガニが優占し、表在性の生物が多いことが報告されている。

この地域では台風や豪雨が頻繁に起こっている。例えば、2010 年 10 月の大雨により各地域で多大な影響を受けた。奄美大島では各所で土砂崩れが起こり、その様な土砂が沿岸域に様々な影響を与えた。新聞報道によれば住用干潟近くで流れ出た土砂が海に流れ込み、多大な漁業被害を起こしている。また、この水害により死亡者が出て、家屋は全壊、半壊、床上浸水、床下浸水の被害を受けた。このような環境への攪乱は人間の生活に多大な影響を与えたが、マングローブ・干潟生態系では粒状有機物の供給を拡大した可能性がある。

　一般に粒状有機物は河川の生態系だけでなく沿岸海域生態系に大きな影響を与えている。河川が氾濫することは落葉からの粒状有機物への分解を促進し、河口や沿岸域への粒状有機物の供給を促進する。そして、川から持ち込まれる粒状有機物はその地域に生息する底生生物にとって重要な餌になっている。

　このように台風や豪雨災害などの多発は人々に多大な損害を与える一方で、この地域の生態系の重要な攪乱要因として機能している可能性がある。そして、この地域の自然環境は攪乱を頻繁に受けながらも、固有の生物多様性を維持している興味深い地域と考えられる。この章では、マングローブ林に生息する二枚貝シレナシジミとリュウキュウザクラを例にして、その生態や生活史を他の地域あるいは災害の前後と比較しながら説明する。

シレナシジミ　（図 3-3-10）
　シレナシジミは奄美群島以南のインド・太平洋のマングローブや河口に分布する二枚貝である（アボット・ダンス 1985）。この貝は大きなサイズに成長するため、食用に用いられることが多く、近年はその数が減り保全対象になっている（例 Dolorosa & Dangan-Galon 2014）。奄美群島では住用マングローブ林の潮間帯上部に生息し、食用や儀式に用いられてきた。そして、近年は食用に利用される機会が減っているが個体数はあまり多くない。

　シレナシジミはインドと西表島では大きくなると最大 12 cm 程度になる個体が生息すると報告されている（Clemente 2007；福岡他 2010）。一方、奄美大島のマングローブ林中で見つけた死亡した貝殻は最大サイズ 10 cm であっ

第3部　海辺で暮らす生き物たち

図 3-3-10. 住用マングローブ林で採集されたシレナシジミ

た。実際に野外個体群を調べたわけでないので正確ではないが、12cmより少し小さいのがこの地域の最大サイズかもしれない。

最大サイズが10cmを示すフィリピンの個体群で成長を見てみると、10cmになるためには3-4年の年月が必要で、寿命は4-7年と考えられている（Dolorosa & Dangan-Galon 2014）。そして、成熟するサイズは40-46mmで、6カ月でこのサイズに到達し、かなり早い成長と成熟を示している。

成熟した個体の産卵は7月から11月に起こるという報告がある（Clement & Ingole 2011）。一方、貝のサイズにより産卵期が少しずれるという報告もあり（Muhammad et al. 2015）、地域により体サイズにより様々な産卵様式を見せると考えられる。

一般には殻が大きくなると貝殻の中の体の重量も比例して大きくなり、貝殻と体組織は一定の関係を維持しながら大きくなる。しかし、シレナシジミは貝殻が大きくなっても、体組織は大きくならない（Gimin et al. 2004）。シレナシジミは産卵後幼生を経てマングローブ林に稚貝として着底するが、サイズによって潮間帯内での分布の中心が変わることが報告されている（Clement & Ingole 2011）。産卵後の稚貝の分布の中心は潮間帯下部になっているが、おそらくこれは乾燥に対する耐性の違いにより、潮間帯下部では多くの個体が生存したためと考えられる。しかし、成長し貝殻のサイズが大きくなると分布の中心が潮間帯下部から上部へと移動する。これは捕食者等が大きな要因となっている可能性がある。しかし、潮間帯上部は潮が引いたときには貝が海水から出てしまうため、大きな個体であっても干潮時は乾燥が強く影響する。この時、貝殻の中になるべく水をためておくほうが乾燥の危機に対して防御ができる。そのため、シレナシジミは貝殻を大きくしても、その中身の体組織はあまり大きくすることなく、貝殻が大きくなり貝殻内に

できたスペースに水をためておくことで、乾燥に適応しようとしていると考えられている。

　この貝は色々な遺跡で発見されているが（例 山崎 2017）、これは潮間帯上部に生息しているので、人によって採集が容易なためと考えられる。一方、貝殻はその時の生息環境の影響を強く受けながら成長する。そのため、貝殻の組成を研究するとその時代の温度などの古環境が推定できるため、古環境推定のため遺跡などで発見されたシレナシジミは安定同位体を用いることで研究されることが多い（例 Stephens 2008）。しかし、この方法には様々な注意が必要という報告もあり（Twaddle et al. 2017）、シレナシジミを利用したこの分野は今後の発展が期待される。

　奄美大島の地域住民から、儀式に利用するためシレナシジミを採集し料理したときに、最近はとても泥臭くて、泥抜きに長い時間を要したと聞いた。このことから奄美大島のシレナシジミの生息環境が悪化している可能性が考えられる。今後、河川、マングローブ、干潟、海という連続した生態系を対象に包括的な保全策を検討する必要があると考えられる。

リュウキュウザクラ（図 3-3-11）

　リュウキュウザクラは準絶滅危惧種に評価され、その分布の北限が奄美大島住用干潟と報告されている（日本ベントス学会 2012）。このリュウキュウザクラは殻の長さが20-30mm程度で、殻の色は場所によって変異が見られるが、住用干潟では薄いピンク色の個体が多い。

図 3-3-11．住用干潟で採集されたリュウキュウザクラ

　この貝は砂の中に潜って生活をしているが、砂の中から細長い水管を出し、泥の上の有機物を食べる堆積物食者である。近縁種の貝は湾奥の浅瀬に優先することが多いが（堀越・菊池 1970）、この地域のリュウキュウザクラも湾奥部に多く分布している。これは湾奥部には堆積物食者に適した粒径の

餌が多く分布するためかもしれない。

　これらの貝は色々な要因により、生息する深さを変えることがある。例えば、貝類の生息深度に影響する要因としては、捕食、水温、餌量などが報告されている（例 Reise 1985）。実際にリュウキュウザクラではこの様な傾向があるかどうかを検討するため、深さ20cmまでにおいてリュウキュウザクラがどの深さで生息しているかの野外観察を行った。その結果、深度が深くなるほど生息する貝の平均殻長が大きくなっていることが示された。この仲間の貝類は深く潜れば捕食者の鳥の嘴の先から身を守ることが可能なので、リュウキュウザクラも鳥の嘴が届かない深さに分布し、捕食者から身を守るために水管の長さに依存した最大の深さに潜るという行動を取っているかもしれない。

　豪雨災害前の2009年12月に、この地域では深さ20cmまでに生息するリュウキュウザクラの生態を調査した結果、小型個体から大型個体まで観察がされ、個体群を維持するためには十分な数が生息していた。そして、水害後の2011年2月においても上記同様の調査を住用干潟において行った。奄美大島では水害の影響としては土砂崩れが各所に見られ、山々は削られ茶色の土を露出し、まだ大雨の被害が各所に見られた。水害後の干潟には、非常に多くのリュウキュウザクラの貝殻が散乱し、その生存個体の密度も、水害前の1.50個体（/50cm x 50cm）から水害後は0.89個体へと大きく減少した。一方、平均殻長は水害前が 15.40 ± 1.03 mm（平均 $\pm$ SE）で、水害後が 16.93 ± 1.11 mm（平均 $\pm$ SE）とほとんど変わっていないため、どのサイズにおいても死亡があったと考えられる。リュウキュウザクラは生息深度が20cm程度なので、その上に上流から流れてきた土砂がリュウキュウザクラの生息場所に数十cm積もったことで、生息環境が悪化しサイズに関係なく死亡した可能性が考えられる。その後、2013年にかけて個体数の増減が見られたが、毎年個体群への小型個体も加入しており、この個体群が再生産を繰り返し回復しつつあることがわかる。この地域での災害は干潟に生息する生物に多大な影響を与えているが、その後の個体群の回復も見られており、この攪乱と共に生物が共存していると考えられる。

（河合 渓）

4. 奄美群島などのマングローブ林干潟に生息するウミニナ類とその生活史

　奄美群島には、メヒルギやオヒルギを主とするマングローブ林が分布している。太平洋域におけるマングローブ林の北限は、鹿児島県鹿児島市喜入のメヒルギ林とされている。奄美大島におけるマングローブ林には、マングローブ干潟が広がっており、干潟上には多くの貝類が生息している。干潟上に生息する代表的な巻貝はウミニナ類であるが、奄美大島では、リュウキュウウミニナ、カワアイ、ヘナタリ、フトヘナタリ、イトカケヘナタリ、キバウミニナ、マドモチウミニナ、センニンガイ、シマヘナタリの採集記録がある。これらの貝類のうち、キバウミニナは、奄美大島で採集された記録はあるものの、その後の採集例がまったく無く、偶発分布であった可能性が高い。マドモチウミニナも採集例がほとんど無く、偶発分布の可能性が高い。センニンガイは、八重山諸島の砂丘堆積物の中から化石が採集される程度であり、奄美大島に生息している可能性はほとんど無い。イトカケヘナタリは、奄美大島以南に分布するとされているものの、フトヘナタリの小型個体とされる場合もあり、両者が本当に別種どうしなのか疑問がある。シマヘナタリは、奄美大島で採集記録があるものの、標本も存在せず、その後の採集記録も無いことから、フトヘナタリを誤同定した可能性が高い。シマヘナタリは大陸性の巻貝で、日本では、有明海や瀬戸内海などの内湾奥部の泥干潟に生息しており、奄美大島のような外洋の離島に自然分布する可能性はほとんど無い。鹿児島県本土に広く分布するウミニナは、南限が種子島とされており、DNA鑑定の結果、奄美大島に分布するリュウキュウウミニナとは別種ということになっている。しかし、リュウキュウウミニナとウミニナは殻形態では区別が出来ない場合が多い。DNA鑑定の結果、ウミニナも少数が奄美大島に分布することが解っている。これら奄美大島の干潟に生息するウミニナ類の生態は、研究が遅れており、ほとんど解明できていない。しかし、薩摩半島のマングローブ林に生息するウミニナの生活史は研究が進んでいる。リュウキュウウミニナとウミニナは、幼貝の定着時期や寿命等の生態

が非常に似ていることが解っており、本稿では、ウミニナの生活史を示すことにより、マングローブ干潟に生息するウミニナ類の生態を解説してみたい。

ウミニナの内部生長線解析による生活史の分析

　軟体動物（貝類）の大部分は移動能力が低く、生息地の不適環境に耐えて生活する必要がある。そのため、軟体動物は様々な成長障害（攪乱）を受けることになり、貝類の成長線はこの成長障害（攪乱）によって殻に記録される。貝類の成長線には、外部成長線と内部成長線がある。外部成長線は貝殻の成長遅滞によって貝殻表面に現れる筋で、容易に観察可能である。それに対して、内部成長線は、貝殻本体に記録される年輪に似た成長線で、殻の断面を研磨して初めて観察可能になる。貝殻は、貝の軟体部にある外套膜からのカルシウム分の分泌によって、成長していく。貝殻の成長は、主に殻が大きくなる方向に行われるが、既に殻の形成が終わった部分も、内側からカルシウム分が多少なりとも沈着する。貝の生理状況によって、沈着量にはばらつきが生じ、内部成長線として観察可能になる。内部成長線は、これまでに主に二枚貝類で、年輪、潮汐輪、日輪があるという報告がされている。海産貝類の成長攪乱は内的因子として生殖活動や疾病などがあり、外的因子として海水温度、潮汐、塩分濃度などがある。成長線分析は、成長の時間経過記録を保持し、年齢構成や成長パターンなどの重要な情報をもたらす研究として、過去にも海産二枚貝類において、生態学や考古学の観点から研究はなされてきた。しかし、巻貝類の貝殻内部成長線分析は、殻の断面研磨が難しいこともあり、遅れているのが現状である。本稿では、マングローブ干潟のウミニナを用いた、貝殻内部成長線の分析法と年齢査定に関して述べたい。

　ウミニナの説明；観察に用いたウミニナは軟体動物・ウミニナ科に属する巻貝類である。分布は北海道南部〜九州にかけての日本各地、朝鮮半島、中国大陸。内湾の砂泥質干潟に生息する。ウミニナは産地によって殻の形態に変異が多い。かつては各地の内湾域に多産していたが、個体数や個体群の減少や生息条件の悪化などから、準絶滅危惧種となっている。

第3章 干潟・マングローブで暮らす生き物たち

サンプルの採集方法

　貝殻の成長線解析はやみくもに観察しても成長線そのものの評価ができない。いったいどのタイミングで殻の成長線が形成されるのか、季節変動や年変動を定期サンプリングによって裏付けし、成長線解析に反映しなければならない。これまでに、化石巻き貝で内部成長線が観察された事例があるが、成長線形成の原因は、あくまで推定に基づくもの過ぎず、成長線形成の要因解析に基づいた研究例ではなかった。今回は、マングローブ干潟（図 3-3-12）のウミニナの定期サンプリングによって、内部成長線の形成要因を特定することが可能になった。サンプリングは 2006 年 1 月～ 2006 年 12 月の期間に、各月 1 回行われた。大潮干潮時に 50 × 50cm のコドラートを使用し採集するという方法で行われた。今回のウミニナの貝殻内部成長線分析研究では殻サイズの頻度分布の月別変化の調整のために採集されたサンプルから、各月 12 個体をランダムに抽出し研究に使用した。ランダムに抽出された各月のサンプルは、殻高と殻幅をノギスで 1/10mm まで測定し、標本は内部成長線数と殻サイズの関係を調査するために、1 個体ごとに分けて保存した。

図 3-3-12. 調査地のマングローブ干潟；鹿児島市喜入町. 干潟に広がるメヒルギのマングローブ林

ウミニナにおける貝殻内部成長線分析方法

　ウミニナの貝殻内部成長線分析は、殻を縦断面に切断し、切断面を鏡面研磨し、酸でエッチングの後に、スンプ法という表面の凹凸の型を取る手法で顕微鏡観察する手法で行った。スンプ法で出来上がった成長線レプリカを光学顕微鏡で 40 倍～ 100 倍で観察し内部成長線を観察・記録した（図 3-3-13）。

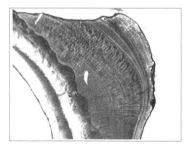

図 3-3-13. 成長線レプリカの観察. ウミニナの滑層内部成長線レプリカが観察できた個体（光学顕微鏡 40 倍）

滑層内部成長線と滑層以外の内部成長線・微細内部成長線

　貝殻内部成長線を観察した結果、ウミニナは滑層と滑層以外の殻切断面で内部成長線の形成パターンが違うことが明らかになった。滑層以外の内部成長線はどの個体もほぼ2本で、稀に1本もしくは3本の内部成長線が観察された。滑層以外の内部成長線が1本のものは全て滑層を形成していない殻サイズの小さな幼貝であった。滑層以外の内部成長線は同じ色の成長線が連続するが、2本の間には境界のような線が入る（図3-3-14）。しかし、滑層では色が濃い成長線と色が薄い成長線が交互に現れ、成長線数は個体によって差があることが観察された（図3-3-15）。また滑層内部成長線内にも滑層以外の内部成長線内にも、さらに細かい多数の微細内部成長線が観察された。しかし、ウミニナの微細内部成長線の形成は不規則であり、潮汐変化に基づくと思われる形成要因も必ずしも明確ではなかったため、今回の研究では微細内部成長線数などの記録は詳しくは検討しなかった。巻貝では成熟に達すると殻口付近が肥厚し、それ以上の成長を停止する種が多いという研究報告がある。ウミニナにおいても、性成熟後に殻の成長が停止した成貝が殻の外側にカルシウム分を沈着させ、滑層と呼ばれる白い光沢のある構造物を形成する。また、滑層形成の有無によって、幼貝は成貝と殻口の形態が違うことが観察された。2006年のサンプリングで、滑層を形成していない殻サイズの小さな幼貝が1年を通じて観察され、幼貝は1年でサイズピークに追いつくことはなく、成熟するまでに2年もしくは稀に3年かかる。これらのことからウミニナの内部成長線の形成パターン・殻成長パターンを考察した。

図3-3-14. 滑層以外の内部成長線. 滑層以外の内部成長線は同じ色の成長線が連続するが、2本の間には境界のような線が入る

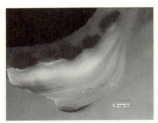

図3-3-15. 滑層内部成長線. 滑層では色が濃い成長線と色が薄い成長線が交互に現れた

ウミニナにおける殻成長パターン

ウミニナの殻高と殻幅それぞれの殻サイズと年齢からみる、マングローブ干潟におけるウミニナの殻成長パターンを図3-3-16の散布図に示した。殻高サイズと年齢の散布図から、マングローブ干潟のウミニナは2齢または3齢前後までに殻高を20mm程までに成長させ、その後、殻成長を停止し、滑層を形成し内部成長

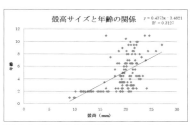

図3-3-16．喜入干潟のウミニナにおける殻成長パターン

線を形成しながら性成熟が起こり年齢を重ねる。殻幅サイズも同様の成長パターンをとり。2齢または3齢前後までに殻幅を8mm～9mm程までに殻を成長させ、その後、殻成長を停止させるという成長パターンをとっている。

滑層内部成長線数の季節変化

マングローブ干潟におけるウミニナの滑層内部成長線の季節変化を図3-3-17に示す。1年を通しての各月の内部成長線の形成パターンを観察・比較することで内部成長線の形成時期と形成要因を調査した。サイズ頻度分布の季節変化と、貝殻内部成長線の形成パターン分析とを比較した結果、滑層内部成長線は明確な層が年間2層形成されることが明らかになった。滑層内部成長線が1年に2層で

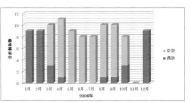

図3-3-17．喜入干潟のウミニナの滑層内部成長線本数（奇数本か偶数本か）の個体数の月別の季節変化．黒は滑層内部成長線本数が偶数本であった個体の数．灰色は滑層内部成長線本数が奇数本であった個体の数

きることから、各月の個体数を、滑層内部成長線が奇数個体のものと、偶数個体のものにわけて表した。グラフから3月から10月までは奇数個体が優占し、1月、2月、12月では偶数個体が優先するという結果が得られた。

マングローブ干潟のウミニナにおける殻成長パターンについて

干潟のウミニナは、2齢程までに殻サイズの成長を終わらせ、その後、成

熟し滑層を形成し年齢を重ねるという殻成長パターンをとっていることが明らかになった。ウミニナは、他の海産貝類とは異なり、成熟した後も殻サイズが生長し続けることはない。過去の研究でも、軟体動物の若い個体はエネルギーの大部分を体組織の成長にあて、成熟するとエネルギーの大部分を繁殖に投資するという研究報告がある。ウミニナも同様の成長パターンをとるようである。この成長パターンは、不適環境や捕食などの危険から身を守るために、不適環境に耐えられるサイズや、捕食されにくくなるサイズまでは成熟せず、自分の成長だけにエネルギーを投資するという、ライフサイクル上の有利な戦略であると考えられる。

滑層内部成長線数の季節変化について

　滑層内部成長線数の季節変化から、滑層内部成長線は冬期に偶数層を形成し、春から秋にかけて奇数層を形成することが明らかになった。この２種類の成長線として、冬期の偶数層の成長線は冬輪と呼ばれるもので、冬の低温期が原因と考えられる。過去の成長線研究でイガイ科の固着性二枚貝であるクジャクガイでは、鹿児島県桜島の潮間帯において、冬輪は観察されず、夏季の高温による成長停滞に因る生長線が観察されている。これはクジャクガイの生息帯が潮間帯の下部にあたり、砂泥質の干潟に比べ海面下にある時間が長くなることから、冬期の低温にさらされる時間が短くなるからであろうと推定される。ウミニナの生息する干潟上部は干潮時には完全に海面上にあたり、冬期は海水の保温効果が得られず、低温となる。また春～秋の奇数層の成長線は生殖細胞に使用するエネルギーの備蓄などが原因と考えられる。このような外的因子と内的因子による攪乱が、マングローブ干潟におけるウミニナの２種の滑層内部成長線の形成には影響していると考えられる。

マングローブ干潟のウミニナの生活史の概略

　以上の考察および喜入のマングローブ干潟に生息するウミニナ類の過去の多くの研究例から、本種の生活史の概略は下記のようにまとめることができる。

　鹿児島県のマングローブ干潟におけるウミニナの繁殖時期は７月～８月の

夏季で、放卵放精型の産卵様式をとる。受精卵から発生したヴェリジャー幼生は、しばらく海中でプランクトン生活を送った後に、9月～10月の秋季に幼貝に変態し干潟に着底する。鹿児島県マングローブ干潟では、本種の幼貝の着底は1年目（産下された年）の秋季であることがわかっており、幼貝のまま冬季を過ごす。最初の冬季に幼殻の内側には内部成長線（冬輪）が形成されているはずであるが、あまりに殻が小さいために殻の断面観察が非常に難しかった。幼貝は、最初の冬季を過ごした後、翌年の春季～秋季の活動期は幼貝のままで、殻は縦方向にも成長を続け、殻高が大きくなる。その年の秋季に着底した幼貝と、1回目の冬越しを経験した幼貝は、殻の殻高サイズで容易に区別できる。

　2年目の春季～秋季を過ごした幼貝は、2回目の冬越しを行う。その間の冬季に、貝殻の中部体層部分の内側の黒い層に貝殻内部成長線（冬輪）が1本形成される。この2回目の冬越しで幼貝に形成される内部成長線の観察は容易である。上部体層部分の内側には1回目冬越し時に形成されたはずの内部成長線と併せて2本の内部成長線が形成されていると予想できるが、幼殻部分は非常に小さく、内部成長線の観察は容易ではなかった。2回目の冬越しをした幼貝の大半は、3年目の6月～8月の夏季の繁殖期に性成熟をする。したがって、マングローブ干潟のウミニナの幼貝が性成熟をする時期は約2才令ということになる。

　本種は、2回目の冬越しした後（3年目）の夏季の繁殖シーズンに性成熟し、貝殻が縦方向に伸びる成長が停止し、殻高の成長が止まる。貝殻の殻高成長が停止した後、貝殻内部や滑層部分にカルシウム分が沈着し、内部成長線を形成するようになる。ごく少数の幼貝個体が、この3年目の繁殖シーズンでも性成熟をせずに、3回目の冬越しをする。このように3回冬越しを経験した幼貝は殻の中部体層部分の内側の黒い層に2本の内部成長線（冬輪）を形成する。大半の個体の性成熟は着底の翌々年（3年目）の夏季であり、その後、本種の滑層部分の内部成長線のうち明確なものは、夏季の繁殖時期と冬季に計2本形成される。したがって、（滑層部の内部成長線の本数／2）＋2≒その個体の年齢、という計算式が成り立つ。この計算式から、マングローブ干潟のウミニナは、最長年齢が11才令と推定できた（図3-3-16）。

滑層が形成されていない幼貝の場合は、殻の第一体層部分の内側に内部成長線が観察されない個体は1回冬越しの個体、殻の第一体層部分の内側に内部成長線が1本観察される個体が2回冬越しの個体、殻の第一体層部分の内側に内部成長線が2本観察される個体が3回冬越しの個体、とみなせる。幼貝同士の場合は、1回冬越しの個体、2回冬越しの個体、3回冬越しの個体は、殻高サイズにほとんど重なりがないため、殻高サイズの大小だけからも年齢を区別することは容易である。しかし、殻の縦方向の成長が停止し、滑層を形成した成熟個体の年齢を、殻高だけから推定することは事実上不可能である。

このように、ウミニナの内部成長線の分析から明確に各個体の年齢査定が可能であることが判った。また、カワアイとヘナタリもウミニナとほとんど同様の生活史をとることが内部生長線の分析から明らかになっている。これらの研究の手法を用いて、年齢査定に基づいた生命表分析などにより、リュウキュウウミニナ等の奄美群島に生息するウミニナ類の詳しい個体群動態の研究が今後期待される。

（冨山清升）

5．奄美群島の海辺に生息する環形動物

はじめに

環形動物は、蠕虫状の無脊椎動物であり、海にも川にも陸上にも、様々な種が生息している。たとえば、ミミズ類（貧毛類）とヒル類は、陸や淡水域での生活によく適応しており、両者を合わせて「環帯類」と呼ばれる分類群に属している。

一方、汽水域を含む海域には、ゴカイの仲間（多毛類）が最も卓越しており、日本からはこれまでに1,000種以上が記録されている（Fujikura et al. 2010）。多毛類の体はたくさんの節（体節）で構成されており、各体節の左右に1対の疣足をもち、そこに様々な形の剛毛が生えている。

また、海の中には、多毛類だけでなく、疣足が退化した上記の環帯類や、体節構造を失ったユムシ類（ユムシ動物）、ホシムシ類（星口動物）など多

様な環形動物が生息している。多くは海底の砂泥中に潜って生活しているためにあまり目立たないが、干潟から深海に至るまでのほとんどあらゆる海底において、環形動物は、貝類（軟体動物）や甲殻類（節足動物）と並んで、もっとも現存量の大きなグループの1つであり、生態系の中でとても大きな役割を果たしている（佐藤 2006；佐藤・狩野 2016）。

ここでは、奄美群島の海辺（主に干潟）に生息する環形動物とその共生生物について紹介したい。

奄美群島における環形動物相の研究史

奄美群島の環形動物相に関する研究は、ドイツの博物学者で、当時お雇い外国人教師として日本に滞在していたルートウィヒ・デーデルライン（Ludwig Heinrich Philipp Döderlein）が1880年（明治13年）8月、奄美大島および加計呂麻島で行った動植物の採集調査に端を発する（Döderlein 1881a, b）。このときデーデルラインによって採集された標本に基づいて、3種の多毛類（ミナミフサツキウロコムシ、ノリクラケヤリ、エンタクカンザシ）が、ウィーン自然史博物館の学芸員であったエーミール・フォン・マレンツェラー（Emil von Marenzeller）によって報告された（Marenzeller 1885, 1902）。このうちエンタクカンザシは、奄美大島名瀬産の標本と、同じくデーデルラインが神奈川県江ノ島沖の水深約180 mから採集された標本とに基づいて新種として記載されており、したがって奄美大島がタイプ産地の1つとなる（Marezenller 1885）。しかしながら、両採集地の環境は大きく異なることため、奄美大島と江ノ島の個体群が本当に同一種なのか検討の余地があるように思われる。

上記デーデルラインの調査では多毛類に加え、ホシムシ類やユムシ類も採集されていたようであるが（Döderlein 1881a）、残念ながらそれらの詳細については一切報告されていない。奄美群島からホシムシ類やユムシ類を初めて学術的に報告したのは、日本における両分類群の研究の草分けである池田岩治であった。当時、東京帝国大学（現・東京大学）の大学院生であった池田は、1901年（明治34年）の3月から4月にかけて、指導教官である箕作佳吉らとともに南西諸島へ採集旅行に赴き、その過程で奄美大島と加計呂麻

島に立ち寄り調査を行った（箕作 1903a, b）。このとき採集された多数の標本をもとに、両群の日本産種をまとめたモノグラフの中で、ホシムシ類9種とユムシ類1種が記録された（Ikeda 1904）。このうち4種のホシムシ類（アマミスジホシムシモドキ、トゲタテホシムシ、カドタテホシムシ、ビョウホシムシ）は奄美大島や加計呂麻島産の標本等に基づいて新種として記載されたが、これらはすべて後の研究で、海外で記載された広域分布種の新参異名とみなされている（Cutler & Cutler 1981, 1989；Cutler et al. 1984）。

　上記2つの先駆的な研究以降、主なものとしては、1963年に実施された鳥羽水族館による奄美大島海洋生物調査（大石・八木 1964）、環境省の第7回自然環境保全基礎調査の一環で2002年に行われた奄美大島の干潟底生生物調査（西川 2007a, b；高島 2007；山西・佐藤 2007）、国立科学博物館の今島　実による日本産多毛類の一連の分類学的研究（例えば Imajima 1972, 1976；今島 1996, 2001, 2007, 2015）、そして近年の鹿児島大学による調査研究（例えば上野ほか 2015；佐藤・坂口 2016；緒方ほか 2017；菅・佐藤 2018；田中ほか 2018）によって、奄美群島における環形動物相の知見が徐々に蓄積されつつある。

奄美群島からこれまでに記録されている環形動物

　奄美群島沿岸および周辺海域からこれまでに記録されている環形動物は、種名未確定種を含め、40科約200種である（田中 未発表）。このうち、潮間帯から記録されたもの（32科127種）のリストを表3-3-3に示す（出典はすべて文献リストに掲載されている）。内訳は、多毛類が25科100種、星口動物が5科16種、ユムシ動物が1科8種、環帯類が1科1種である。しかしながら、まだまだ調査が不十分なことに加え、分類群間の調査精度や島ごとの解明度の差も大きいので、今後の調査研究の進展により、種数は大きく増加するだろう。

潮間帯に多産するゴカイ科の多様性

　ゴカイ科は、日本からはこれまでに20属54種が記録されており、深海を含む様々な海域から見つかっているが、その中には、淡水・汽水域や河口周

辺の干潟など、陸と海の境界領域で優占的に出現する種が含まれている（佐藤 2016b；佐藤・坂口 2016；Sato 2017；菅・佐藤 2018）。奄美群島からは、これまでに12属30種が記録されているが、そのうちの10種は、種名が未確定である（表3-3-3）。これらの「種名未確定種」は、私たちの最近の調査によって生息が確認されたものであり、現在、分類学的検討を進めているが、「日本未記録種」または「未記載種」である可能性が高い（佐藤・坂口 2016；菅・佐藤 2018；田中ら 2018）。以下に、奄美群島に代表的な種について説明する。

キレコミゴカイは、奄美大島・古仁屋の潮間帯の砂底で採集された標本に基づき、Imajima（1972）によって新種として記載された種である。本種はその後、奄美大島の笠利町と龍郷町、加計呂麻島の呑之浦（寺田ほか 2010；佐藤・坂口 2016）や和歌山県の白浜（内田 1988）からも記録されている。国外では、南シナ海の中沙諸島、インドネシア、そしてオーストラリアのリザード島からも報告されている（Sun et al. 1978；Glasby 2015）。

日本の汽水域に広く分布するイトメ（図3-3-18A）とヒメヤマトカワゴカイ（図3-3-18B）は、南西諸島が分布の南限であり、前者は沖縄島まで、後者は石垣島まで分布している（佐藤・坂口 2016；Tosuji et al. 2018）。奄美群島においては、ヒメヤマトカワゴカイは、これまでに奄美大島、喜界島、徳之島、沖永良部島で生息が確認されており、小河川の河口周辺の狭い干潟や外海に面した干潟の地下水の湧出が予想される場所に局所的に分布している（佐藤・坂口 2016）。一方、イトメは、奄美大島の龍郷湾の1ヶ所（小河川の河口付近）でしか確認されていない。

イソゴカイ属 *Perinereis* の種（図3-3-18C）は、潮間帯（干潟）の上部の転石の下や岩上に密生しているカキの間隙などに生息している。そこは、干出する時間が長いため乾燥しやすい環境なので、転石が存在するかどうかは本属の生息にとっては重要に思われる。石の下に身を隠すことにで、日射が遮られ、乾燥の程度も軽減されると考えられるからである。奄美群島では、日本に広く分布している3種（スナイソゴカイ、イシイソゴカイ、クマドリゴカイ）の他に、国内未記録と思われる種が3種見つかっており、そのうちの1種（*Perinereis* sp. 1）は奄美群島内の主要な6つの島すべてに分布して

第3部　海辺で暮らす生き物たち

表 3-3-3. 奄美群島の潮間帯から記録された環形動物．上位分類および各種の学名は

科名	種名	和名
多毛類（polychaetes）		
ゴカイ科	*Ceratonereis japonica* Imajima	キレコミゴカイ
Nereididae	*Ceratonereis mirabilis* Kinberg	フタマタゴカイ
	Ceratonereis sp. 1	
	Ceratonereis sp. 2	
	Composetia hircinicola（Eisig）	フタスジゴカイ
	Composetia sp. A	
	Composetia sp. B	クメジマナガレゴカイ
	Hediste atoka Sato & Nakashima	ヒメヤマトカワゴカイ
	Leonnates nipponicus Imajima	ハナグロゴカイ
	Namalycastis hawaiiensis（Johnson）	
	Namalycastis sp.	
	Neanthes pachychaeta（Fauvel）	ケブトゴカイ
	Neanthes sp. aff. *glandicincta*（Southern）	サミドリゴカイ
	Nereis denhamensis Augener	オオバゴカイ
	Nereis multignatha Imajima & Hartman	マサゴゴカイ
	Nereis neoneanthes Hartman	ヤスリゴカイ
	Nereis sp.	
	Perinereis euiini Park & Kim	クマドリゴカイ
	Perinereis mictodonta（Marenzeller）	スナイソゴカイ
	Perinereis wilsoni Glasby & Hsieh	イシイソゴカイ
	Perinereis sp. 1	
	Perinereis sp. 2	
	Perinereis sp. 3	
	Platynereis australis（Schmarda）	ミナミツルヒゲゴカイ
	Platynereis bicanaliculata（Baird）	ツルヒゲゴカイ
	Platynereis dumerilii（Audouin & Milne Edwards）	イソツルヒゲゴカイ
	Pseudonereis anomala Gravier	ウスズミゴカイ
	Pseudonereis gallapagensis Kinberg	ヤリサキゴカイ
	Simplisetia erythraeensis（Fauvel）	コケゴカイ
	Tylorrhynchus osawai（Izuka）	イトメ
サシバゴカイ科 Phyllodocidae	*Phyllodoce* sp.	
シリス科 Syllidae	*Haplosyllis spongicola*（Grube）	カイメンシリス
	Syllis amica（Quatrefages）	ヒトゲシリス
オトヒメゴカイ科 Hesionidae	*Hesione reticulata* Marenzeller	オトヒメゴカイ
	Leocrates auritus Hessle	シロオビオトヒメゴカイ
	Oxydromus angustifrons（Grube）	ノコギリオトヒメゴカイ

第3章 干潟・マングローブで暮らす生き物たち

WoRMS (http://www.marinespecies.org/) 等, 最新の研究成果に準拠した

喜界島	奄美大島	加計呂麻島	徳之島	沖永良部島	与論島
	○	○			
	○				
	○				
	○				
	○				
	○	○			
○					
○	○		○	○	
	○				
○	○		○		
	○		○		
	○				
	○		○		
	○				
	○				
	○				
	○				
	○	○			○
○	○				
○	○			○	
○	○	○	○	○	○
	○	○			○
	○				
	○				
	○				
	○	○			
		○			
	○	○			○
	○				
	○				
					○
	○				
	○				
					○
	○				

111

第3部　海辺で暮らす生き物たち

科名	種名	和名
カギゴカイ科 Pilargidae	*Synelmis gracilis*（Hessle）	イッカクカギゴカイ
チロリ科 Glyceridae	*Glycera brevicirris* Grube	オオミネチロリ
	Glycera macintoshi Grube	マキントシチロリ
	Glycera nicobarica Grube	チロリ
	Glycera tesselata Grube	エラナシチロリ
	Glycerella magellanica M'Intosh	マゼランチロリ
ノラリウロコムシ科 Sigalionidae	*Pholoides dorsipapillatus*（Marenzeller）	フサヒメウロコムシ
Iphionidae	*Iphione ovata* Kinberg	マルフチトゲウロコムシ
ウロコムシ科 Polynoidae	*Gastrolepidia clavigera* Schmarda	ナマコウロコムシ
	Halosydna nebulosa（Grube）	ミロクウロコムシ
	Hermilepidonotus helotypus（Grube）	サンハチウロコムシ
	Hyperhalosydna striata（Kinberg）	タテジマウロコムシ
	Lepidonotus carinulatus（Grube）	ミナミフサツキウロコムシ
	Lepidonotus tenuisetosus（Gravier）	フサウスウロコムシ
	Lepidonotus sp.	
ノリコイソメ科 Dorvilleidae	*Dorvillea similis*（Crossland）	オオメイソメ
ギボシイソメ科 Lumbrineridae	*Kuwaita heteropoda*（Marenzeller）	ナガギボシイソメ
	Lumbrineris inflata Moore	タマギボシイソメ
	Scoletoma nipponica（Imajima & Higuchi）	コアシギボシイソメ
ナナテイソメ科 Onuphidae	*Onuphis holobranchiata* Marenzeller	カナツブイソメ
イソメ科 Eunicidae	*Eunice afra* Peters	コンボウイソメ
	Eunice australis Quatrefages	ミナミイソメ
	Eunice dilatata Grube	チュウガタイソメ
	Eunice indica Kinberg	ヤリブスマ
	Leodice aequabilis（Grube）	フヘンイソメ
	Leodice antennata Lamarck	ジュズイソメ
	Lysidice hebes（Verrill）	ハナイソメ
	Lysidice ninetta Audouin & Milne Edwards	シボリイソメ
	Palola siciliensis（Grube）	ヒモイソメ
	Marphysa sp. A	マルアタマムシ
	Marphysa sp.	
ウミケムシ科 Amphinomidae	*Eurythoe complanata*（Pallas）	ハナオレウミケムシ
ケヤリムシ科 Sabellidae	*Notaulax phaeotaenia*（Schmarda）	ノリクラケヤリ
	Sabellastarte spectabilis（Grube）	インドケヤリムシ

	喜界島	奄美大島	加計呂麻島	徳之島	沖永良部島	与論島
		○				
		○		○		○
		○				
		○				
		○		○		
					○	
						○
			○			
						○
		○				
		○				
		○				
		○				
		○				
		○				
		○				
		○				
		○				
		○				
		○				
						○
				○		
		○				
		○		○		○
		○				
		○				○
		○		○		○
						○
		○	○	○		○
		○		○		○
		○				
		○				
			○			
		○				
			○	○		

第3部　海辺で暮らす生き物たち

科名	種名	和名
カンザシゴカイ科 Serpulidae	*Filogranella elatensis* Ben-Eliahu & Dafni	オオシライトゴカイ
	Hydroides albiceps（Grube）	フクロカンザシ
	Hydroides elegans（Haswell）	カサネカンザシ
	Hydroides exaltata（Marenzeller）	カマガタカンザシ
	Hydroides longispinosa Imajima	ナガトゲカンザシ
	Hydroides tambalagamensis Pillai	ニンギョウカンザシ
	Hydroides tuberculata Imajima	キンチャクカンザシ
	Metavermilia acanthophora（Augener）	ツノフチトリカンザシゴカイ
	Serpula watsoni Willey	ナガバナヒトエカンザシ
	Spirobranchus corniculatus-complex	イバラカンザシ
	Spirobranchus latiscapus（Marenzeller）	エンタクカンザシ
	Spirobranchus polytrema（Philippi）	フタコブカンザシ
	Vermiliopsis glandigera/pygidialis-complex	ドングリカンザシ
フサゴカイ科 Terebellidae	*Loimia verrucosa* Caullery	チンチロフサゴカイ
ウミイサゴムシ科 Pectinariidae	Pectinariidae sp.	
ホコサキゴカイ科 Orbiniidae	*Leodamas rubra*（Webster）	
スピオ科 Spionidae	*Malacoceros* sp.	
	Prionospio sp.	
ツバサゴカイ科 Chaetopteridae	*Chaetopterus cautus* Marenzeller	ツバサゴカイ
	Mesochaetopterus cf. *minutus* Potts	スナタバムシ
オフェリアゴカイ科 Opheliidae	*Polyophthalmus pictus*（Dujardin）	カスリオフェリア
イトゴカイ科 Capitellidae	*Dasybranchus lumbricoides* Grube	アミガサイトゴカイ
	Heteromastus sp.	
	Mastobranchus near *loii* Gallardo	ロイイトゴカイ
	Mastobranchus variabilis Ewing	マザリイトゴカイ
	Notodasus? sp.	
	Notomastus fauveli Day	ミナミイトゴカイ
	Notomastus torquatus Hutchings & Rainer	ヒレアシイトゴカイ
タケフシゴカイ科 Maldanidae	Maldanidae sp.	
タマシキゴカイ科 Arenicolidae	*Arenicola brasiliensis* Nonato	タマシキゴカイ

第3章　干潟・マングローブで暮らす生き物たち

喜界島	奄美大島	加計呂麻島	徳之島	沖永良部島	与論島
		○			
	○	○			
	○				
	○				
		○			
	○				
					○
					○
○	○				○
	○				
	○				
	○		○		○
	○				
	○				
	○				○
	○				
	○				
	○				
	○				
	○				
	○				○
	○				
	○				
	○				
	○				
	○				
	○				
	○				
	○				
	○				

第3部　海辺で暮らす生き物たち

科名	種名	和名
星口動物（Sipuncula）		
スジホシムシ科 Sipunculidae	*Sipunculus nudus* Linnaeus	スジホシムシ
Siphonosomatidae	*Siphonosoma australe takatsukii* Satô	ミナミスジホシムシモドキ
	Siphonosoma cumanense（Keferstein）	スジホシムシモドキ
	Siphonosoma funafuti（Shipley）	アマミスジホシムシモドキ
サメハダホシムシ科 Phascolosomatidae	*Phascolosoma agassizii agassizii* Keferstein	ヤマトサメハダホシムシ
	Phascolosoma albolineatum Baird	シロサメハダホシムシ
	Phascolosoma nigrescens Keferstein	ネッタイサメハダホシムシ
	Phascolosoma pacificum Keferstein	タイヘイサメハダホシムシ
	Phascolosoma scolops（Selenka & De Man）	サメハダホシムシ
Antillesomatidae	*Antillesoma antillarum* Grube & Ørsted	アンチラサメハダホシムシ
タテホシムシ科 Aspidosiphonidae	*Aspidosiphon steenstrupi* Diesing	ミナミタテホシムシ
	Aspidosiphon coyi Quatrefages	キリタテホシムシ
	Aspidosiphon cristatus cristatus Sluiter	カブトホシムシ
	Aspidosiphon elegans（Chamisso & Eysenhardt）	トゲタテホシムシ
	Aspidosiphon laevis Quatrefages	カドタテホシムシ
	Cloeosiphon aspergillus（Quatrefages）	ビョウホシムシ
ユムシ動物（Echiura）		
ミドリユムシ科 Thalassematidae	*Anelassorhynchus* sp. 1	
	Anelassorhynchus sp. 2	
	Anelassorhynchus sp. 3	
	Anelassorhynchus sp. 4	
	Listriolobus sorbillans（Lampert）	タテジマユムシ
	Ochetostoma erythrogrammon Rüppell & Leuckart	スジユムシ
	Ochetostoma sp. 1	
	Ochetostoma sp. 2	
環帯類（Clitellata）		
フトミミズ科 Megascolecidae	*Pontodrilus litoralis*（Grube）	イソミミズ

第3章　干潟・マングローブで暮らす生き物たち

	喜界島	奄美大島	加計呂麻島	徳之島	沖永良部島	与論島

第3部　海辺で暮らす生き物たち

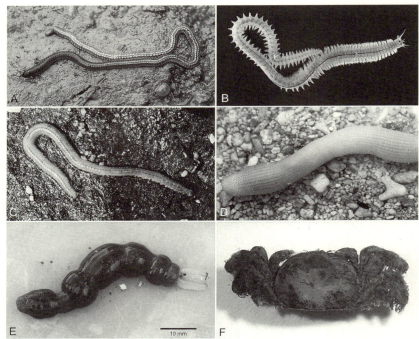

図 3-3-18．奄美群島の海岸に生息する主な環形動物とその共生生物。A：イトメ（1991年11月，沖縄島大宜味村塩屋湾大保大川），B：ヒメヤマトカワゴカイ（1991年11月，鹿児島市甲突川），C：イソゴカイ属の一種（2009年3月，奄美大島瀬戸内町手安海岸），D：スジホシムシモドキ属の一種（1996年6月，与論島赤崎），E：タテジマユムシ（1989年9月，奄美大島笠利町手花部干潟），F：タテジマユムシの巣穴に共生するハサミカクレガニ（1995年4月，奄美大島龍郷町屋入干潟）

図 3-3-19．奄美大島における沿岸道路の例（2014年5月）。干潟の上部が広範囲にわたって埋め立てられている

いる（表3-3-3）（佐藤・坂口 2016）。奄美群島では、干潟の表面に石がたくさん転がっていることが多い。多くの干潟の後背地が急峻な地形なので、出水のたびに後背地から干潟に容易に転石が供給されるためと思われる。転石に恵まれた奄美群島

の干潟は、イソゴカイ属にとって住みやすい環境と言えるだろう。

人間の生活圏に近接している干潟の上部や汽水域は、沿岸開発の影響を最も受けやすい場所である。近年の沿岸道路の拡張などによって、イソゴカイ属をはじめとするゴカイ科の生息地が大きく損なわれているように思われる（図 3-3-19）。

奄美群島のホシムシ類と共生生物

ホシムシ類は、体節構造を欠く細長い筒状の体幹部と先端に触手を備えた陥入吻をもつこと、肛門が体幹の前方に開くこと、剛毛を一切欠くことなどが主な特徴である。日本からは現在 14 属約 50 種が知られており、干潟や海底の砂泥中に潜って生活するもののほかに、巻貝の死殻を利用するものや、岩、死サンゴ等の内部に穿孔して生活するものも知られている（西川 2007a；Nishikawa 2017）。奄美群島では、Ikeda（1904）のモノグラフ出版以降、ほとんど研究されていない。

アマミスジホシムシモドキは、上述の池田、箕作らの 1901 年の採集旅行で得られた奄美大島産の多数の標本と沖縄の那覇産の標本 1 個体を用いて、*Sipunculus amamiensis* Ikeda という学名で新種記載された種である（Ikeda 1904）。本種は和名、学名ともに「奄美」の名をもつ唯一の環形動物であったが、その後の分類学的検討により、現在は、主に南洋諸島から知られる *Siphonosoma funafuti*（Shipley）と同一種とみなされている（Cutler et al. 1984；西川 2007a）。しかし、両種の内部形態の記載には多少の差異があるため、再検討の必要性も指摘されている（西川 2012）。国内ではこれまでに南西諸島の 6 ヶ所から記録されているとされるが（西川 2007a；Adachi et al. 2016）、奄美群島からは *S. amamiensis* の記載以降、一度も報告がない。

南西諸島の潮間帯にはほかにも、スジホシムシモドキ属 *Siphonosoma*（図 3-3-18D）やスジホシムシ属 *Sipunculus* に分類される大型のホシムシ類が棲息するが、これらのホシムシ類からは 5 種の共生性二枚貝類が知られている（後藤 2016；久保 2017）。奄美大島では、スジホシムシからユンタクシジミ *Litigiella pacifica* Lützen & Kosuge とフィリピンハナビラガイ *Salpocola tellinoides*（Hanley）が、そしてスジホシムシモドキから *Pseudopythina* aff.

nodosa Morton & Scott が記録されている（小菅 2009a；Goto et al. 2012）。ユンタクシジミと *P.* aff. *nodosa* は宿主となるホシムシ類の体表等に粘液糸でゆるく付着するが、フィリピンハナビラガイは丈夫な足糸を用いて宿主の体後端部に強く付着する（小菅 2009a；後藤 2016）。また最近、アマミスジホシムシモドキの体表に付着するアマミスジホシムシモドキヤドリガイ *Nipponomysella* aff. *subtruncata*（Yokoyama）が新たに発見された（久保 2017）。

奄美群島のユムシ類と共生生物

ユムシ類は、ホシムシ類と同様、体節構造を欠く体幹と吻をもつが、ホシムシ類とは異なり、吻は決して体内に引き込まれないこと、吻の先端に触手を持たないこと、肛門は体幹後端部に開くこと、少数の剛毛をもつことなどによって区別できる。日本からは現在までに、18属24種（種名未確定種を除く）が記録されており、石の下や底質に巣穴を掘って生活する種が多いが、南西諸島には死サンゴ等に潜む種も知られている（Goto 2017）。奄美群島からは近年、少なくとも6種の「種名未確定種」が発見されており（Goto et al. 2013；Goto 2017）、今後の分類学的研究の進展が期待される。

奄美群島の干潟では、薄い縦縞模様が入った赤紫色の体幹部とクリーム色の吻が特徴的なタテジマユムシ（図 3-3-18E）がしばしば多産する。国外ではフィリピンからインドネシア、オーストラリアにかけて分布する熱帯性種で、分布北限は鹿児島県上甑島の浦内湾である（Nishikawa 2004；西川 2007b）。砂泥底に30–40cmほどの縦穴を掘って生活しており（Nishikawa 2004）、干潟表面を静かに観察していると、巣穴から吻を伸ばして摂餌行動を行う様子が観察できる。また、本種の巣穴からは、これまでに二枚貝のナタマメケボリ *Pseudopythina ochetostomae* Morton & Scott、種名未確定のウロコムシ科の一種 *Lepidonotus* sp.、そして甲殻類のハサミカクレガニ *Mortensenella forceps* Rathbun（図 3-3-18F）の共生が確認されている（名和 2008；小菅 2009a, b；Goto & Kato 2012）。このうちハサミカクレガニは、それまでタイのチャーン島（タイプ産地）と中国（香港、海南島）からのみ知られていたが、私たちの研究室による1995年の奄美大島龍郷湾の屋入干潟での調査で採集された標本に基づき、宿主未詳のまま日本初記録種として

報告された（Sakai & Takeda 1995）。その後の研究により、本種は沖縄島、石垣島、および西表島からも記録され、タテジマユムシ、スジユムシ、スジホシムシモドキ、ヒモイカリナマコ *Patinapta ooplax*（Marenzeller）など様々な種の巣穴を棲息場として利用することが明らかとなった（小菅 2009b, c；成瀬 2012, 2017）。奄美群島内の既知産地は現在も屋入干潟のみであり、生息密度も極めて低いため、鹿児島県レッドデータブックでは「絶滅危惧Ⅰ類」に指定されている（鈴木 2016）。

（田中正敦・佐藤正典）

参考／引用文献
「1．奄美大島の干潟に生息する底生生物」関係

Davie P J F, Shih H-T & Chan B K K（2010）A new species of *Mictyris*（Decapoda, Brachyura, Mictyridae）from the Ryukyu Islands, Japan. Studeis on Brachyura. 83-105.

Matsuoka T & Suzuki H（2011）Setae for gill-cleaning and respiratory-water circulation of ten species of Japanese ocypodid crabs. Journal of Crustacean Biology. 31(1)：9-25.

Matsuoka T, Suzuki H, & Archdale M V（2012）Morphological and Functional Characteristics of Setae involved in Grooming, Water Uptake and Water Circulation of the Soldier Crab *Mictyris guinotae*（Decapoda, Brachyura, Mictyridae）. Crustaceana. 85(8)：975-986.

菊池泰二（1993）干潟生態系の特性とその環境保全の意義．日本生態学会誌．43：223-235．

三浦知之・三浦 要（2015）加計呂麻島の海岸湿地に生息する甲殻類と貝類の記録．Nature of Kagoshima. 41：209-222.

本川雅治（2005）謎解きとしての動物地理学．京都大学総合博物館編．日本の動物はいつどこからきたのか．pp. 1-8．岩波書店．東京．

名和 純（2008）西宮市貝類館研究報告 第5号 琉球列島の干潟貝類相(1)．奄美諸島，西宮市貝類館．兵庫．42pp

日本ベントス学会（2012）干潟の絶滅危惧動物図鑑．東海大学出版会．神奈

川. 285pp

西村三郎（1981）地球の海と生命―海洋生物地理学序説―. 海鳴社. 東京. 284pp

西村三郎（1992）日本海岸動物図鑑Ⅰ. 保育社. 東京. 425pp

緒方沙帆・Rocille PALLA・上野綾子・佐藤正典・鈴木廣志・山本智子（2017）奄美大島沿岸における干潟底生生物相. 日本ベントス学会誌. 72：27-38.

Shih H-T, Ng P K L, Davie P J F, Schubart C D, Turkay M, Naderloo R, Jones D & Liu M-Y（2016）Systematics of the family Ocypodidae Rafinesque, 1815 (Crustacea：Brachyura), based on phylogenetic relationships, with a reorganization of subfamily rankings and a review of the taxonomic status of *Uca* Leach, 1814, sunsu lato and its subgenera. Raffles Bulletin of Zoology. 64：139-175.

地学団体研究会生痕研究グループ，1989. 現生および化石の巣穴―生痕研究序説―. 地団研専報 35：1-131.

上野綾子・佐藤正典・山本智子（2014）鹿児島湾の重富干潟における底生生物相及びその生息環境の変化. Nature of Kagoshima. 40：217-223.

上野綾子・緒方沙帆・佐藤正典・山本智子（2015）奄美大島と九州南部の干潟底生生物群集. Nature of Kagoshima. 41：289-296.

Wong K J H, Chan B K K & Shih H-T（2010）Taxonomy of the sand bubbler crabs *Scopimera globose* De Haan, 1835, and *S. tuberculate* Stimpson, 1858 (Crustacea：Decapoda：Dotillidae) in East Asia, with description of a new species from the Ryukyus, Japan. Zootaxa. 2345：43-59.

山本智子・桝屋 藍・松下耕治・佐藤正典（2009）鹿児島湾の重富干潟における底生動物相の変化―1994年と2005年の比較―. ベントス学会誌. 64：32-44.

山口隆男（1976）ミナミコメツキガニの生態（予報）. ベントス研連誌. 11/12：22-34.

「2．マングローブ林の底生生物」関係

福岡雅史・南條楠士・佐藤 守・河野裕美（2010）西表島浦内川のマングローブ域におけるシレナシジミ Geloina coaxans の分布特性．東海大学海洋研究所報告．31：19-29．

林 真由美・山本智子（2011）北限域のマングローブ林における底生生物相：亜熱帯との比較．Nature of Kagoshima．37：143-147．

鹿児島県環境林務部自然保護課（2016）鹿児島県の絶滅のおそれのある野生動植物―鹿児島県版レッドデータブック―動物編．一般財団法人鹿児島県環境技術協会．鹿児島．

川瀬誉博・藤井椋子・古川拓海・山口 涼・山本智子（2018）住用マングローブ林における底生生物の分布．Nature of Kagoshima．44：297-302．

今 孝悦・黒倉 寿（2009）タイ南国のマングローブ域におけるマクロベントス群集の食物構造．海洋．41：177-183．

中村武久・中須賀常雄（1998）マングローブ入門：海に生える緑の森．第二章：マングローブと人間の関わり．pp. 59-102．三水舎．東京

Shih H-T, Ng P K L, Davie P J F, Schubart C D, Turkay M, Naderloo R, Jones D & Liu M-Y（2016）Systematics of the family Ocypodidae Rafinesque, 1815 (Crustacea：Brachyura), based on phylogenetic relationships, with a reorganization of subfamily rankings and a review of the taxonomic status of *Uca* Leach, 1814, sunsu lato and its subgenera. Raffles Bulletin of Zoology. 64：139-175．

鈴木廣志・勝 廣光・常田 守（2015）シモフリシオマネキの奄美大島における初記録．Nature of Kagoshima．41：187-189．

田川日出夫（1999）鹿児島の生態環境．春苑堂出版．鹿児島．214pp

Wong K J H, Chan B K K & Shih H-T（2010）Taxonomy of the sand bubbler crabs *Scopimera globose* De Haan, 1835, and *S. tuberculate* Stimpson, 1858 (Crustacea：Decapoda：Dotillidae) in East Asia, with description of a new species from the Ryukyus, Japan. Zootaxa. 2345：43-59．

「3．奄美大島住用マングローブ林と干潟に生息する貝類」関係
アボット RT・ダンス SP（1985）世界海産貝類大図鑑．平凡社．東京．43pp

日本ベントス学会（2012）干潟の絶滅危惧動物図鑑．東海大学出版会．神奈川．285pp

福岡雅史・南條楠土・佐藤 守・河野裕美（2010）西表島浦内川のマングローブ域におけるシレナシジミ Geloina coaxans の分布特性．東海大学海洋研究所研究報告．31：19-29．

堀越増興・菊池泰二（1970）ベントス．「海藻・ベントス—海洋科学基礎講座5」149-438，東海大学出版会，東京．

山崎真治（2017）沖縄県南城市サキタリ洞遺跡（調査区Ⅱ）出土のシレナシジミに関する考古学的検討．沖縄県博物館・美術館，博物館紀要．10：43-50．

Clemente S（2007）Ecology and population dynamics of the mangrove clam *Polymesoda erosa*（Solander, 1876）in the mangrove ecosystem. Ph. D. Thesis, Goa University. Goa. 200pp

Clement S, Ingole B（2011）Recruitment of mud clam *Polymesoda erosa*（Solander, 1876）in a mangrove habitat of Chorao Island, Goa. Brazilian Journal of Oceanography. 59(2)：153-162.

Dolorosa RG, Dangan-Galon F（2014）Population dynamics of the mangrove clam *Polymesoda erosa*（Bivalvia：Corbiculidae）in Iwahig, Palawan, Philippines. International Journal of Fisheries and Aquatic Studies. 1(6)：11-15.

Gimin R, Mohan R, Thinh LV, Griffiths AD（2004）The relationship of shell dimensions and shell volume to live weight and soft tissue weight in the mangrove clam, *Polymesoda erosa*（Solander, 1786）from northern Australia. NAGA, World Fish Center Quarterly. 27(3&4)：32-35.

Muhammad AS, Asiah MD, Wardiah W, Irma D, Zainal AM（2015）Gonadal histological characteristics of mud clam（*Geloina erosa*）in the estuary of Reuleung River, Aceh Besar District, Indonesia. AACL Bioflux. 8(5)：708-713.

Reise K（1985）Tidal flat ecology：an experimental approach to species interactions. 191pp. Springer-Verlag.

Stephens M, Mattey D, Gilbertson DD, Murray-Wallace CV（2008）Shellgathering from mangroves and the seasonality of the Southeast Asian Monsoon using high-resolution stable isotopic analysis of the tropical estuarine bivalve (*Geloina erosa*) from the Great Cave of Niah, Sarawak : methods and reconnaissance of molluscs of early Holocene and modern times. Journal of Archaeological Science. 35 : 2686-2697.

Twaddle RW, Wurster CM, Bird MI, Ulm S (2017) Complexities in the palaeoenvironmental and archaeological interpretation of isotopic analyses of the Mud Shell *Geloina erosa* (Lightfoot, 1786). Journal of Archaeological Science. 12 : 613-624.

「5．奄美群島の海辺に生息する環形動物」関係

Adachi K, Kuramochi T, Takai Y, Ohnishi K, Yoshinaga T, Okumura S (2016) Genome size of spoon and peanut worms, and the validity of frozen samples for flow cytometry analysis. Fish Genetics and Breeding Science. 45 : 25-31.

Anker A (2012) Notes on the Indo-West Pacific shrimp genus *Athanopsis* Coutière, 1897 (Crustacea, Decapoda, Alpheidae), with the description of a new species associated with echiurans (Annelida, Thalassematidae). Zootaxa. 3307 : 48-61.

Cutler EB, Cutler NJ (1981) A reconsideration of Sipuncula named by I. Ikeda and H. Sato. Publications of the Seto Marine Biological Laboratory. 26 : 51-93.

Cutler EB, Cutler NJ (1989) A revision of the genus *Aspidosiphon* (Sipuncula : Aspidosiphonidae). 102 : 826-865.

Cutler EB, Cutler NJ, Nishikawa T (1984) The Sipuncula of Japan : their systematics and distribution. Publications of the Seto Marine Biological Laboratory. 29 : 249-322.

Döderlein L (1881a) Die Liu-kiu-Insel Amami Oshima. Mittheilungen der Deutschen Gesellschaft für Natur-und Völkerkunde Ostasiens. 3 : 103-117.

Döderlein L (1881b) Die Liu-kiu-Insel Amami Oshima. Mittheilungen der Deutschen Gesellschaft für Natur-und Völkerkunde Ostasiens. 3 : 140-156.

Fujikura K, Lindsay D, Kitazato H, Nishida S, Shirayama Y (2010) Marine biodiversity in Japanese waters. PLoS ONE. 5：e11836. Doi：10.1371/journal. pone.0011836

Glasby CJ（1999）The Namanereidinae（Polychaeta：Nereididae）. Part 1, taxonomy and phylogeny. Records of the Australian Museum, Supplement. 25：1-129.

Glasby CJ（2015）Nereididae（Annelida：Phyllodocida）of Lizard Island, Great Barrier Reef, Australia. Zootaxa. 4019：207-239.

Goto R（2016）A comprehensive molecular phylogeny of spoon worms（Echiura, Annelida）：Implications for morphological evolution, the origin of dwarf males, and habitat shifts. Molecular Phylogenetics and Evolution. 99：247-260.

後藤龍太郎（2016）居候して暮らす　南西諸島の干潟における共生二枚貝類の多様性．水田 拓 編著．奄美群島の自然史学　亜熱帯島嶼の生物多様性．pp. 93-116．東海大学出版部．平塚．

Goto R（2017）The Echiura of Japan：diversity, classification, phylogeny, and their associated fauna. In Motokawa M, Kajihara H（eds）. Species Diversity of Animals in Japan. pp. 513-542. Springer Japan. Tokyo.

Goto R, Kato M（2012）Geographic mosaic of mutually exclusive dominance of obligate commensals in symbiotic communities associated with a burrowing echiuran worm. Marine Biology. 159：319-330.

Goto R, Hamamura Y, Kato M（2011）Morphological and ecological adaptation of *Basterotia* bivalves（Galeommatoidea：Sportellidae）to symbiotic association with burrowing echiuran worms. Zoological Science. 28：225-234.

Goto R, Ohsuga K, Kato M（2014）Mode of life of *Anomiostrea coralliophila* Habe, 1975（Ostreidae）：a symbiotic oyster living in ghost-shrimp burrows. Journal of Molluscan Studies. 80：201-205.

Goto R, Kawakita A, Ishikawa H, Hamamura Y, Kato M（2012）Molecular phylogeny of the bivalve superfamily Galeommatoidea（Heterodonta, Veneroida）reveals dynamic evolution of symbiotic lifestyle and interphylum host switching. BMC Evolutionary Biology. 12：172. Doi：10.1186/1471-

2148-12-172

Goto R, Okamoto T, Ishikawa H, Hamamura Y, Kato M（2013）Molecular phylogeny of echiuran worms（Phylum：Annelida）reveals evolutionary patter of feeding mode and sexual dimorphism. PLoS ONE. 8：e56809. Doi：10.1371/journal.pone.0056809

Ikeda I（1904）The Gephyrea of Japan. Journal of the College of Science, Imperial University, Tokyo. 10：1-87, pls. 1-4.

Imajima M（1972）Review of the annelid worms of the family Nereidae of Japan, with descriptions of five new species or subspecies. Bulletin of the National Science Museum 15：47-153.

Imajima M（1976）Serpulidae（Annelida, Polychaeta）from Japan. I. The genus *Hydroides*. Bulletin of the National Science Museum, Series A（Zoology）. 2：229-248.

Imajima M（1992）Dorvilleidae（Annelida, Polychaeta）from Japan. I. The genus *Dorvillea*（*Dorvillea*）. Bulletin of the National Science Museum, Series A（Zoology）. 18：131-147.

今島 実（1996）環形動物多毛類．生物研究社．東京．530pp.

今島 実（2001）環形動物多毛類II．生物研究社．東京．542pp.

今島 実（2007）環形動物多毛類III．生物研究社．東京．499pp.

今島 実（2015）環形動物多毛類IV．生物研究社．東京．332pp.

今島 実（2018）環形動物多毛類ホコサキゴカイ科【10】．海洋と生物．40：78-81.

Imajima M, Higuchi M（1975）Lumbrineridae of polychaetous annelids from Japan, with descriptions of six new species. Bulletin of the National Science Museum, Series A（Zoology）. 1：5-37.

菅 孔太朗・佐藤正典（2018）奄美群島の汽水・淡水域に生息する *Namalycastis* 属2種（環形動物門ゴカイ科）．南太平洋海域調査研究報告．（59）：85-86.

久保弘文（2017）アマミスジホシムシモドキヤドリガイ（新称）．沖縄県環境部自然保護課 編．改訂・沖縄県の絶滅のおそれのある野生生物 第3

版（動物編）—レッドデータおきなわ—. p. 662. 沖縄県環境部自然保護課. 那覇.

小菅丈治（2009a）奄美大島におけるユンタクシジミの記録とナタマメケボリガイの生息状況. 39：166-169.

小菅丈治（2009b）奄美大島屋入干潟におけるハサミカクレガニ（ムツハアリアケガニ科）の生息状況. 南紀生物. 51：1-3.

小菅丈治（2009c）石垣島におけるハサミカクレガニの生態—特に複数の動物門に属する無脊椎動物の巣孔内に生息する習性—. 沖縄生物学会誌. 47：3-9.

Marenzeller E（1885）Südjapanische Anneliden. II. Ampharetea, Terebellacea, Sabellacea, Serpulacea. Denkschriften der Kaiserlichen Akademie der Wissenschaften. Mathematisch-Naturwissenschaftliche Classe. 49：197-224, pls. 1-4.

Marenzeller E（1902）Südjapanische Anneliden. III. Aphroditea, Eunicea. Denkschriften der Kaiserlichen Akademie der Wissenschaften. Mathematisch-Naturwissenschaftliche Classe. 72：563-582, pls. 1-3.

松久保晃作（1999）フィールド・ガイド 20　海辺の生物. 小学館. 303pp.

箕作佳吉（1903a）奄美大島及沖縄採集旅行記. 動物学雑誌. 15：186-192.

箕作佳吉（1903b）奄美大島及沖縄採集旅行記（承前）. 動物学雑誌. 15：241-249.

成瀬 貫（2017）ハサミカクレガニ. 沖縄県環境部自然保護課 編. 改訂・沖縄県の絶滅のおそれのある野生生物　第3版（動物編）—レッドデータおきなわ—. pp. 344-345. 沖縄県環境部自然保護課. 那覇.

名和 純（2008）琉球列島の干潟貝類相（1）奄美諸島. 西宮市貝類研究報告.（5）：1-42 + figs. 1-19 + pls. 1-16 + tables 1-6.

Nishikawa T（2004）Synonymy of the West-Pacific echiuran *Listriolobus sorbillans*（Echiura：Echiuridae）, with taxonomic notes towards a generic revision. Species Diversity. 9：109-123.

西川輝昭（2006）ながむし（蠕虫）類. 環形動物門：ユムシ綱. 奥谷喬司 編著. 新装版山渓フィールドブックス④サンゴ礁の生きもの. pp. 92-

93. 山と渓谷社. 東京.

西川輝昭（2007a）星口動物門. 飯島明子 編. 第7回自然環境保全基礎調査. 浅海域生態系調査（干潟調査）業務報告書. pp. 173-177. 富士吉田.

西川輝昭（2007b）ユムシ動物門. 飯島明子 編. 第7回自然環境保全基礎調査. 浅海域生態系調査（干潟調査）業務報告書. pp. 178-181. 富士吉田.

西川輝昭（2012）アマミスジホシムシモドキ. 日本ベントス学会 編. 干潟の絶滅危惧動物図鑑 海岸ベントスのレッドデータブック. p. 235. 東海大学出版会. 秦野.

Nishikawa T（2017）Some comments on the taxonomy of the peanut worms（Annelida：Sipuncula）in Japanese waters toward a future revision. In Motokawa M, Kajihara H（eds）. Species Diversity of Animals in Japan. Springer Japan, Tokyo, pp. 469-476.

Nishikawa T, Ueshima R（2006）A list of the sipunculan collection of the Department of Zoology, the University Museum, the University of Tokyo. In：Ueshima R（ed）. Catalogue of Invertebrate Collection deposited in the Department of Zoology, the University Museum, the University of Tokyo, Part 1. The University Museum, The University of Tokyo, Material Reports（62）：1-13.

緒方沙帆・Palla R・上野綾子・佐藤正典・鈴木廣志・山本智子（2017）奄美大島沿岸における干潟底生生物相. 日本ベントス学会誌. 72：27-38.

大石茂子・八木末勝（1965）奄美大島の無脊椎動物―無脊椎動物班調査報告―. 鳥羽水族館研究室 編. 奄美大島海洋生物調査報告書（第2回 海洋生物調査）. pp. 43-70. 朝日新聞社. 東京.

Sakai K, Takeda M（1995）New records of two species of decapod crustaceans from Amami-Oshima Island, the northern Ryukyu Islands, Japan. Bulletin of the National Science Museum, Series A（Zoology）. 21：203-210.

佐藤正典（2004）多毛類の多様性と干潟環境：カワゴカイ同胞種群の研究. 化石. 76：122-133.

佐藤正典（2006）干潟における多毛類の多様性. 地球環境. 11：191-206.

佐藤正典（2015）野外で底生動物の個体の一生を調べる―サンゴに共生する美しいゴカイの謎―．Shikagaku 生物多様性モニタリングプロトコール集．4：3-13．

佐藤正典（2016a）サンゴ礁と汽水域の底生動物たち．鹿児島大学生物多様性研究会 編．奄美群島の生物多様性．pp. 247-253．南方新社．鹿児島．

佐藤正典（2016b）日本のゴカイ科：特に汽水産種の生殖変態について．月刊海洋／号外．(57)：12-24．

Sato M (2017) Nereididae (Annelida) in Japan, with special reference to life-history differentiation among estuarine species. In Motokawa M, Kajihara H (eds). Species Diversity of Animals in Japan. Springer Japan, Tokyo, pp. 477-512.

Sato M, Nakashima A (2003) A review of Asian *Hediste* species complex (Nereididae, Polychaeta) with descriptions of two new species and a redescription of *Hediste japonica* (Izuka, 1908). Zoological Journal of the Linnean Society. 137：403-445.

佐藤正典・狩野康則（2016）総論：環形動物の分類学研究．月間海洋／号外．(57)：5-11．

佐藤正典・坂口 建（2016）奄美群島の陸―海境界領域に生息するゴカイ科多毛類．南太平洋海域調査研究報告．(57)：83-85．

Sun R, Wu B, Shen S (1978) A preliminary report on the pelagic swarming polychaetes from the Zhongsha Islands, Guangdong Province, China. In：South China Sea Institute of Oceanology, Academia Sinica (ed) [Report on the Scientific Results of Marine Biology of the Xisha and Zhongsha Islands (South China Sea)]. Science Press, Beijing, pp. 133-169.

鈴木廣志（2016）ハサミカクレガニ．鹿児島県環境林務部自然保護課 編．改訂・鹿児島県の絶滅のおそれのある野生動植物　動物編―鹿児島県レッドデータブック 2016―．p. 49, 347．一般財団法人鹿児島県環境技術協会．鹿児島．

高島義和（2007）環形動物門貧毛綱．飯島明子 編．第 7 回自然環境保全基礎調査．浅海域生態系調査（干潟調査）業務報告書．pp. 194-195．富士

吉田.

田中正敦・菅 孔太朗・坂口 建・佐藤正典（2018）奄美大島瀬戸内町手安で採集された海産環形動物．南太平洋海域調査研究報告．(59)：81-84.

寺田仁志・大屋 哲・前田芳之（2010）加計呂麻島呑之浦のマングローブ林について．鹿児島県立博物館研究報告．(29)：29-50.

Tosuji H, Sato M（2010）Genetic evidence for parapatric differentiation of two forms of the brackish-water nereidid polychaete *Hediste atoka*. Plankton and Benthos Research. 5（Suppl.）：242-249.

Tosuji H, Bastrop R, Götting M, Park T, Hong J-S, Sato M（2018）Worldwide molecular phylogeny of common estuarine polychaetes of the genus *Hediste* (Annelida：Nereididae), with special reference to interspecific common haplotypes found in southern Japan. Marine Biodiversity. Doi.org/10.1007/s12526-018-0917-2

内田紘臣（1988）和歌山県の多毛類相（I）．南紀生物．30：75-86.

内田紘臣（2005）Polychaetologica(38) 各科の属の検索と種の説明(23) チロリ科　No. 3．マリンパビリオン．34：45-46.

内田紘臣（2006）ながむし（蠕虫）類．環形動物門：多毛綱．奥谷喬司 編著．新装版山渓フィールドブックス④サンゴ礁の生きもの．pp. 90-92. 山と渓谷社．東京.

上野綾子（2018）奄美大島住用湾におけるコケゴカイ（環形動物ゴカイ科）の繁殖特性と生活史．南太平洋海域調査研究報告．(57)：79-80.

上野綾子・緒方沙帆・佐藤正典・山本智子（2015）奄美大島と九州南部の干潟底生生物群集．Nature of Kagoshima. 41：287-294.

山西良平・佐藤正典（2007）環形動物門多毛綱．飯島明子 編．第7回自然環境保全基礎調査．浅海域生態系調査（干潟調査）業務報告書．pp. 183-193. 富士吉田.

コラム1　落葉した北限のマングローブ林

図 C1-1．喜入マングローブ林の落葉後の変化．a) 落葉半年後（2016年7月），b) 落葉2年半後（2018年6月）

　鹿児島市喜入町には、日本の北限とされるマングローブ林が生育しており、江戸時代に種子島から持ち込まれたと言われている。
　このマングローブ林では、2016年1月に西日本に襲来した大寒波の影響で葉が一斉に落葉したため、樹冠が無くなり、太陽の光が

直接林床まで届くようになった。これは照度にも現れており、落葉後の照度は落葉前よりも上昇し、干潟と同程度の明るさになっている。この環境変化は、甲殻類や腹足類などの底質に生息する生物に影響を与ており、一例として、ハクセンシオマネキのマングローブ林内への進出が挙げられる。本種はスナガニ科の1種であり、干潟のような、比較的明るい環境を好んで生息することが知られている。そのため、陰が常に存在し、日中でも比較的暗いマングローブ林内に生息することはない。しかし、喜入のマングローブ林では、一斉落葉によって林内が明るくなったことで、本種は林内に進出し、生息範囲を拡大したと考えられる。現在もマングローブ林内に生息しており、林内での底生生物相の一部分を占めている。この他にも、腹足綱などの底質表面上に生息していた底生生物が減少し、逆にゴカイ類などの底質中に生息する底生生物が増加するなど、一斉落葉は生物相に大きな影響を与えた。

　その後、マングローブは回復してきたが、2018年現在でもマングローブ植物の上部は落葉したままである。そのため、照度は依然高く、場所によっては干潟と同程度の明るさとなっている。落葉後から1年後の底生生物相については、底質表面に生息する腹足綱の増加など、生物相は回復傾向にある。しかし、現在もハクセンシオマネキが林内に生息し、生物相の一部を占めるなど、落葉前の状態には戻ってはおらず、今後も経過を見ていくことが必要であると考えられる。

（川瀬誉博）

参考／引用文献

白澤大樹（2013）北限のマングローブ域における食物構造と環境の季節変化．鹿児島大学卒業論文．40pp

第4章
磯（岩礁潮間帯）・礁原に暮らす生き物たちと環境

1．磯の環境

　沿岸域に普通にみられる磯は陸でもあり海であるため、環境が短期間に劇的に変化する場所である。一般的に生物の環境は季節や昼夜などによって大きく変わるが、磯の環境は潮汐も大きな要因になっている。

　潮汐は地球と月と太陽の位置関係とそれらの移動によって形成され力によっておこる現象である。この結果として、一日に2回ずつ干潮と満潮がどの沿岸域においても見られる。奄美群島では干潮と満潮での海面の高さの差は2m程度である。そのため、ここに生息している生物たちは水が満ちてきた時には水中で生活し、しばらくして水が引いていくと空気中で生活するということを一日に2回繰り返す。このように、非常に過酷な環境であるのだが、ここには多くの生物たちが生息している。

　一般に、磯では波あたり、乾燥、光、塩分、潮位、温度、捕食、競争などが、そこに生息する生物の生態や分布に影響する大きな要因になっている（ラファエリ・ホーキンズ 1999）。このような要因は海面からの高さが違うと異なっており、磯の上部、中部、下部で全く異なるが、海面からの距離が一定のところでは比較的同じ環境になる。そのため、海面から同じ高さの場所に同一の生物が生息するようになり、横に広がるような帯状の分布をするようになる。これを帯状分布とよぶ（図3-4-1）。

　磯を基質や環境などで分けると岩礁、転石、ビーチロック、サンゴ礁、タイドプールなどに分けられる。奄美大島や徳之島には干潟に石を積んだ石垣を作り、潮汐を利用し、その壁内に潮が引いた時に魚を捕まえようという石

干見漁がかつては行われていた。現在はほとんど漁には使われていないが、今もその石垣は残っているところもあり、その石垣は固着性の生物の生息場所になっている。また、沿岸域は港湾に関係する施設も多く建設されている。そのため、防波堤などはコンクリートでできていることが多く、コンクリートなどの人工物も生息場所の基質になっている。

図3-4-1. 潮間帯の帯状分布

2．磯の様々な環境と生物

1）転石帯

奄美大島の転石帯にはヨメガカサなどのカサガイの仲間が多く生息している。そして、ニシキアマオブネ（図3-4-2）などのアマオブネガイの仲間やハナダタミなどのニシキウズガイ科の仲間などの草食性の貝類が岩の上の藻などを食べるために転石の上をゆっくりと動いている。転

図3-4-2. 奄美大島の転石帯で観察されたニシキアマオブネガイ

石帯は大小さまざまな石が点在しているが、石は波当たりにより移動する可能性が高いので、簡単に動くような石にはフジツボなどの固着性の生物はあまり分布していない。同時に固着性の生物を捕食する巻貝なども餌が少ないためあまり分布していない。しかし、転石帯であっても石がしっかり固定されている場合には多くの固着性生物がその上に生息している。

2）岩礁

奄美大島北部の岩礁では基質が動くことがないため固着性のイガイの仲

第3部　海辺で暮らす生き物たち

図 3-4-3. 奄美大島で観察されたオハグロガキ

間、オハグロガキ（図 3-4-3）、クロフジツボなどが岩に密集して生息し、その横には捕食性の巻貝テツレイシなどが固着性の生物を摂餌しようとしている様子が観察される。捕食性の巻貝は波当たりが穏やかな環境の良い時に、餌を探すために移動し、好みのサイズの餌に遭遇すると、餌の上にのり摂餌を開始する。数時間かけてエサを食べ終わると、また波が当たらないような岩の窪みなどの安全な場所に戻る。この捕食性の巻貝の餌の選び方は単位時間当たりの収量（エサの重量／時間）が最大になるような餌を選択しているとヨーロッパに生息する捕食性巻貝で報告されている（Hughes 1986）。

3）サンゴ・ビーチロック

図 3-4-4. 喜界島で観察されるヒザラガイが作った岩の上の窪みとヒザラガイ

隆起サンゴ礁の島である喜界島では沿岸域に草食性貝類リュウキュウヒザラガイとオニヒザラガイ（図 3-4-4）が多く分布している。この仲間は歯舌という歯を岩に押し付け藻を食べて、食べ終わると元の場所に戻るという帰巣行動をする。そのため、巣の周りは藻を摂餌する頻度が高く、サンゴはあまり固くない基質なため、ヒザラガイがとどまっている場所は深く窪んでいることが多い。また、喜界島の磯の下部の波が当たる場所近くにはタカラガイの仲間のハナマルユキが多く分布していたが、最近はその数が減っていたように思う。そして、タカラガイの仲間ハナビラダカラやキイロダカラなどもそこから浅海にかけて分布をしている。

4）タイドプール

　岩礁潮間帯は干潮時には干上がってしまうため、温度変化や乾燥が激しい。それでいて底質が堅いためこの環境から逃げることができず、生物たちには大変厳しい環境である。そんな環境の中で、潮がひいた後、岩のくぼみなどに海水が残っているところがあり、これを潮だまり又はタイドプール（以下プール）ともいう。干潮時でも水面下の環境が維持される、岩礁潮間帯のオアシスのような場所である。周辺の岩礁上には生息できない生物も多く、引き潮時に偶然取り残された生物からタイドプールに依存している生物まで、様々な種がみられる。

　藻類は潮間帯中上部ではあまり見られないが、プール内であれば乾燥の強い上部にも分布している。ウミトラノオやヒジキなどの褐藻類、テングサ類や有節サンゴモ（ピリヒバやカニノテ）、ソゾ類といった紅藻類がいて、明らかに周辺とは異なる景観を呈している。アオサ類など緑藻は比較的乾燥に強く、小さなプール内にも分布している。

　魚類では、ゴンズイやメジナ類の幼魚が群れ、より大きなプールではベラ類もみられる。紀伊半島以南ではチョウチョウウオ類やスズメダイ科の種など、熱帯魚がいて華やかである（Arakaki & Tokeshi 2006；木村祐貴ほか2014）。また、ハゼ類やカエルウオ類、ギンポ類など比較的底生の強い種は、タイドプールをさらに積極的に利用しているようだ。例えば、カエルウオはプールの位置関係を把握しており、プール間を飛び跳ねて移動するといった行動を示すという。

　節足動物では、移動力のあるヤドカリ類やイソガニ類、オウギガニ類が隠れ場所としてかなり偶発的に利用する。潮間帯に生息するクモガニ類には藻類を体につけて擬態する種も多く、このような種はプール内の藻類を利用して景観に紛れ込んでおり（Sato & Wada 2000）、かなり積極的にプールを利用しているといえるだろう。イソスジエビは潮間帯ではプールでのみ見られる種だ（伊藤ほか 1991）。潮下帯では魚類やイカ類の格好の餌になり得るため、干潮時をプールで過ごすことで捕食から逃れているのかもしれない。軟体動物も見られるが、巻貝類はプール外でもみられる種が多いが（山本

1992)、アメフラシ類やウミウシ類など乾燥に弱い種はプールに依存していると思われる。一方で二枚貝類は、イガイ類やカキ類など固着性の種が、本来の分布より上部のプール内に見られることがある。

　ムラサキウニ、ナガウニ、タワシウニといったウニ類は藻類を主な餌としており、干出した場所では移動することも出来ないため、潮間帯ではプール内に集中して分布している。比較的深めのプールでは、直径5cm程度の小穴が壁面を覆っており、その中にちょうど収まるサイズのウニ類、特にタワシウニが生息しているところがみられる（Yusa & Yamamoto 1994）。サンゴ類もまた、潮間帯ではプール内にのみにみられるグループであり、紀伊半島や伊豆半島でもキクメイシの仲間がプール内に生息している。サンゴ類はコンクリートのような人工基質にも着生できることから、潮間帯に建設した人工的な池でも生息が確認されている（Omori et al. 2007）。

　潮間帯には様々な形のプールがあり、表面積や深さといった形状のその位置によってプール内の環境が決まる（Metaxas & Scheibling 1993）。潮間帯上部やさらに上にあるプールは孤立している時間が長く、温度や塩分の変動が大きい。プールに溜まっている海水が多いほど環境は安定するが、面積が大きくて浅いプールでは、体積が大きくても環境の変動は大きい。深いプールほど潮下帯に近く安定した環境になるが、深いプールでは上部と下部で温度や塩分が異なるなど環境勾配が生じる場合もあり、プール内で帯状分布生物がみられることもある。

　奄美群島を対象としたタイドプールの研究はほとんど行われていないが、紀伊半島南部や大隅諸島での研究から推定すると、チョウチョウウオ類やスズメダイ科、キクメイシサンゴ類、ナガウニなど、亜熱帯性の生物が分布していると思われる。干潮時にサンゴ礁が露出して内側が大きなプールになったり、礁のくぼみに海水が残っていたりすることも多い。前者は海底に砂が溜まっているため、岩礁潮間帯で見られるプールとは異なる環境になることが予想される。サンゴ礁のある奄美群島の岩礁海岸では、大きさも形もよりバラエティに富んだタイドプールが見られるかも知れない。

第4章 磯（岩礁潮間帯）・礁原に暮らす生き物たちと環境

3．磯に暮らす生物の不思議な生き方

1）巻貝の貝殻の色彩と環境

ここでは奄美群島を含む亜熱帯から熱帯で特徴的なビーチロックやサンゴ礁という環境に生息する巻貝アマオブネガイ科キバアマガイがその環境にどのように適応しているかを太平洋の島嶼域の例を用いながら説明をする。

この巻貝の殻色では白色や縞模様を示す個体があり、多様な色彩があることが報告されている（Neville 2003）。この貝類の殻の色彩を白色、一部縞模様、全体縞模様に分類すると、奄美群島の北部の岩礁では約半分の個体が白色、残りが一部縞模様と全部縞模様の貝類であった（図3-4-5）。一方、太平洋島嶼の島嶼で

図3-4-5．キバアマガイの白色と全縞模様を示す個体

は、サンゴで出来上がっている島が多いが、沿岸域の岩礁域は黒色の玄武岩や珊瑚片あるいはビーチロックなどで形成されていることが多い。基質の色が白っぽいビーチロックの上ではほとんどの個体が白色を示し、一部縞模様や全部縞模様の個体はあまり観察されなかった（河合 未発表）。一方、基質の色が黒っぽい玄武岩の上に生息する巻貝の殻色は、ほとんどが一部縞模様あるいは全部縞模様で、全部白色はあまり観察されなかった。このように玄武岩のように基質が黒っぽいと全縞模様のように貝殻に色がついたものが多く、基質が白っぽいと白い貝殻が多くなるという様に、貝殻の色が基質の色に似た色になっていることが示された。これは貝類が自分の殻色を生息する基質となるべく似たような色にすることで、捕食者から目立たなくするようし、生存率を上げていると考えている。奄美群島の個体群では貝殻の色が白色も模様の個体も均等に観察されたこともあり、ビーチロックや珊瑚からなる基質、そして火山性の基質が点在していたためにこのような結果になっていると考えられる。

世界で大きな問題になっていることの一つに地球温暖化があげられる。この問題に対して大きな影響を受けると考えられているのが太平洋に多く見られる小島嶼で、多くの地域で沿岸浸食が起こっている。この対策として、珊瑚でできた島では山から持ってきた岩で防波堤を作成している。したがって、この貝にとっては、今まで珊瑚の岩であった沿岸域に突然黒い岩でできた生息域ができることで、白い貝殻は捕食者から目立つようになり死亡率も高くなるため、この地域の個体群の生活史が大きく変わることが考えられる。このように人間の活動は沿岸域の小さな生き物の生活様式に大きな影響を与えている。そして、このようなことが、太平洋島嶼では普通に起こっている。

奄美群島では沿岸域に港湾のような人工物が多く作成されることが多い。これにより、今までなかった環境が出来上がり、上記の巻貝たちの殻の色のパターンや生活史が変わってしまう様に、沿岸域の生物の生活様式に大きな影響を与えている可能性が考えられる。このように我々の生活の些細なことが、自然界に生息する生物たちに大きな影響を与えていることを、私たちはもっと気に留める必要があるのではないであろうか。

2) 磯や礁原のカニ類はちょっと危険？

前述したように、磯や礁原にはそこに形成される多様なハビタットを利用する多くの甲殻十脚類がいる。しかし、磯や礁原の表面や亀裂のみを利用する、言わば基質、基盤を直接利用して生活する種はそれほど多くはない。主にイワガニ類のミナミイワガニ *Grapsus albolineatus* Lamarck やイボショウジンガニ *Plagusia tuberculata* Lamarck、並びにオウギガニ類のスベスベマンジュウガニ *Atergatis floridus*（Linnaeus）やイボイワオウギガニ *Eriphia ferox* Koh & Ng などであるが、イワガニ類は比較的移動性が強く、磯や礁原に定住しているのはオウギガニ類と言える。磯や礁原に生息するオウギガニ類の中には、ある意味危険な種がいる。

イボイワオウギガニは甲幅45mmになる種で（図3-4-6a）、甲全体は暗赤色から濃赤色を呈し、丸みのある六角形をしている。甲の前方には粗く大きめの顆粒が散在し、後方は滑らかな面に小さい顆粒が疎らにある。鉗脚各節の

外面にも尖った顆粒が散在し、これら顆粒の存在が本種の名前の由来である。オウギガニ類の中では比較的攻撃的で、捕まえようとすると大きく、挟む力も強い鉗脚を使って威嚇する。もし、指など挟まれると怪我を負う危険な種である。磯や礁原の潮間帯上部の岩穴や大き目の亀裂などに住んでおり、主に夜間出てきて摂餌行動などをする。相模湾から奄美群島まで分布し、近年インド洋産の種とは別種とされた。

前種イボイワオウギガニと違う意味で、スベスベマンジュウガニ（図3-4-6b）、ウモレオウギガニ *Zosymus aeneus* (Linnaeus)（図3-4-6c）、及びツブヒラアシオウギガニ *Platypodia granulosa* (Ruppell)の3種も危険なカニである。これら3種のオウギガニ類はカニ類の中で唯一毒を持つカニとして知られている。スベスベマンジュウガニは甲幅60mmの種で、甲は光沢があり滑らかで、丸みのある楕円形で、前側縁は全縁で薄い縁取りがある。甲面は灰褐色から暗緑褐色の地に淡黄白色のまだら模様がある。色の濃淡や模

図3-4-6．岩礁や礁原でよくみられるカニ類．Aa；イボイワオウギガニ，b；スベスベマンジュウガニ，c；ウモレオウギガニ（山田守彦氏提供）

様は変化に富む。非攻撃的で、大きな鉗脚で威嚇することもなく、逃げ足も遅い。ただ、フグ毒のテトロドトキシン、麻痺性貝毒のサキシトキシン、ネオサキシトキシンなどを甲殻や筋肉などのいたるところに含んでいる。岩礁や礁原の潮間帯から潮下帯の石や岩の間、タイドプール内に生息する。房総

半島から南西諸島にかけて分布する。

　ウモレオウギガニは甲幅90mmになる種で、色も美しく緑がかった青色や紫褐色を呈する。甲面には雲紋状、あるいは鱗状の隆起がありその小面や溝には毛はない。前側縁は板状になっている。鉗脚の掌節内縁や歩脚の各節の前縁も板状を呈する。本種の毒の主成分は麻痺性貝毒のサキシトキシンである。低潮線近くのサンゴ礁原の隙間に住み、主に夜間活動する。奄美大島以南の南西諸島から熱帯インド―太平洋に広く分布する。3種の中でも毒性が強く、フィリピンやフィジーなどから数件の中毒報告がある。

　ツブヒラアシオウギガニは甲幅30mm程度の種で、体色は暗黄緑色、稀に黄色や紫褐色を呈するものもある。甲の前半（額および左右の前側縁）は半円形を描き額が特別突出することがない。前側縁は薄板状になっていて、歩脚も平たく前縁は薄板状を呈する。この歩脚の形状が本種の名前の由来でもある。毒の性状はフグ毒や麻痺性貝毒であり、スベスベマンジュウガニと同様にゴニオトキシンは含まない。サンゴ礁に普通にみられ、与論島以南のインド―太平洋に分布する。

　これら3種のオウギガニ類の毒がどこから来るのか（来源・起源）はまだ十分にわかっていない。ただ、同一種でも生息域や個体の大きさで、その毒性に大きな違いがあるので、外因性の毒と考えられ、餌生物（赤潮プランクトンなどの有毒プランクトン）由来の毒の可能性が高いと言われている（野口 1996）。しかし、カニの食べた餌生物が違っていても毒を持つことや、飼育環境下で無毒の餌を長期間与えてもその毒成分や毒性が変化しないことから、必ずしも餌由来だけとは言えないことも分かっている。また、生時の甲殻には毒があるのに、脱皮殻には毒がないことや、テトロドトキシンやサキシトキシンに対する抵抗力も無毒のカニ（オウギガニ Leptodius exaratus（H. Milne Edwards）など）の数百から一千倍近くもあることもわかっており、これらの毒成分が3種のカニにとって必要な物質であるとも考えられている。一方で、飼育下でこれらのカニに軽くストレスを与えると、飼育水中に毒成分を放出することも明らかにされていて、体内にある毒をある意味防御に使っているとも考えられている。このようにカニ毒についてはまだまだ不明な点があるが、とにかく強力な毒であるようで、1968年には、奄美大島

で1匹のウモレオウギガニを食べた家族5名が中毒し内2名が死亡し、患者の吐出物を食べた豚1頭とニワトリ6羽も死亡するという悲惨な事故が起こっている。兎に角不用意に食べないことが肝要である。

(河合 渓・鈴木廣志)

参考／引用文献

Arakaki S, Tokeshi M (2006) Short-term dynamics of tide pool fish community: diel and seasonal variation. Environmental Biology of Fishes. 76：221-235.

Hughes, RN (1986) A Functional Biology of Marine Gastropods. Croom Helm, London & Sydney, Australia. 245pp

伊藤 円・渡邊精一・村野正昭 (1991) イソスジエビとスジエビモドキの成長と繁殖. 日本水産学会誌. 57(7)：1229-1239.

木村祐貴・和西昭仁・坂井陽一・橋本博明・具島健二 (2014) 鹿児島県口永良部島の岩礁性タイドプールの魚類相. Fauna Ryukyuana. 11：1-7.

Neville C (2003) 2002 Sea Shells：Catalogue of Indo-Pacific Mollusca. 144pp. Neville Coleman's Underwater Geographic Pty Ltd, Australia. 144 pp

野口玉雄 (1996) フグはなぜ毒をもつのか―海洋生物の不思議―. 221pp. NHKブックス. 768. 日本放送協会. 東京.

Metaxas A, Scheibling R-E (1993) Community structure and organization of tidepools. Mar. Ecol. Prog. Ser., 98：187-198.

Omori M, Kajiwara K, Matsumoto H, Watanuki A, Kubo H (2007) Why corals recruit successfully in top-shell asnail aquaculture asructure? Galaxea, 8：83-90.

ラファエリD・ホーキンズS (1999) 潮間帯の生態学 (上・下). 文一総合出版. 東京. 311pp, 205pp

Sato M, Wada K (2000) Resource utilization for decorating in three intertidal majid crabs (Brachyura: Majidae). Marine Biology, 137：705-714.

山本智子 (1992) 隣接するタイドプール間でみられた生物相の相違とその決定要因. 南紀生物. 34：11-15.

Yusa Y, Yamamoto T (1994) Inside or outside the pits: Variable mobility in conspecific sea urchin, Anthocidaris crassispina (A. Agassiz). Pub. Seto Mar. Biol. Lab. 36：255-266.

第 4 部

海中で暮らす生き物たち

第1章
海中に見られる生息場

サンゴ礁の海

　奄美群島の島々には、美しいサンゴ礁が海岸線に沿って各地に形成されている。奄美群島のサンゴ礁は裾礁と呼ばれる構造を持ち、防波堤のようなサンゴ礁リーフが陸地を取り囲む（山野 2008；図 4-1-1）裾礁に見られるサンゴ礁地形では、外礁に取り囲まれた内側が水深の浅い海となっており、礁池と呼ばれる。礁池の沖合にある干潮時に干出する盛り上がった場所を礁嶺といい、礁池と礁嶺を合わせて礁原と呼ぶ。礁嶺外部の潮下帯を礁縁と呼び、沖合にむ

図 4-1-1. 奄美大島西岸に見られるサンゴ礁（裾礁）

けて尾根が立ち並ぶサンゴ礁特有の地形が多く見られる。この尾根のような部分を縁脚、谷の部分は縁溝と呼ばれる。奄美群島では、沖合数十メートルから一キロメートル前後にかけて、このような外礁が島の外周を取り囲むように形成されており、海水の交換は所々に見られるリーフの切れ目や外礁を超えて行われる。ただし、外礁は外洋からの波浪をある程度打ち消しており、これによって内部の礁池は波浪の少ない穏やかな海となっている。一方、礁縁の外側は急峻に落ち込む礁斜面となっており、場所によっては水深数十メートルから数百メートルにわたって落ち込む環境として外洋に繋がっている（環境省・日本サンゴ礁学会 2004；図 4-1-2）。

第1章　海中に見られる生息場

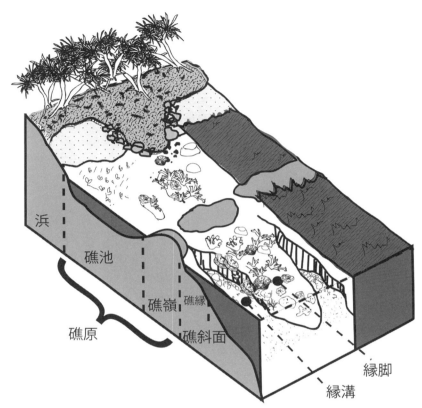

図 4-1-2. サンゴ礁（裾礁）の模式図．主に環境省・サンゴ礁学会（2004）の定義に従い作図

　このような裾礁地形は琉球列島各地で広く見られるが、世界的には最も高緯度帯に見られるサンゴ礁リーフとして知られている（山野 2008）。しかし、琉球列島の北部に位置する奄美群島のサンゴ礁は、決して分布最北限ではない。サンゴ礁リーフ状の自然構造物は、トカラ列島や大隅諸島の種子島、屋久島でも見られ、近年ではこれらに類似した構造物が長崎県の壱岐や対馬で見つかっている（Yamamo et al. 2012；山野・杉原 2013）。しかし、大隅諸島や壱岐、対馬のリーフ状構造物は典型的な礁池や礁原を形成しておらず、「礁池や礁原にたくさんの生き物が暮らす世界が広がっている」というよう

な生態系とは異なる。これらのことから、海浜、礁池、礁嶺、礁縁、礁斜面という一連のハビタットから成り立つ「サンゴ礁生態系」としては、奄美群島が世界的にも最北限と見なすことができる。

ただし、奄美群島のサンゴ礁生態系は沖縄県以南のものとは似ているようで必ずしも同じではない。奄美群島最南端の与論島には、沖縄島以南に見られるような広大なサンゴ礁リーフが島の東部に見られるが、沖永良部島や徳之島、奄美大島など、より高緯度の島ほどリーフの規模が小さくなり、礁池も浅くなる傾向にある。また、喜界島など一部地域のサンゴ礁は、かつて海中にあったリーフの大部分が地質変動によって陸上に持ち上がり満潮時でも干出した平磯となっており（=離水サンゴ礁；図 4-1-3)、リーフ内の水生生物の生活空間が小規模かつ閉鎖的なタイドプールのみでしか見られないなど、限定的である（環境省・日本サンゴ礁学会 2004 など)。このようなことから、奄美群島のサンゴ礁は、サンゴ礁生態系の分布北限域に見られる特異性の高い環境と捉えることができる。

図 4-1-3. 喜界島沿岸の隆起した離水サンゴ礁原

様々な海岸構造が育む多様な生態系

奄美群島の沿岸では、サンゴ礁リーフに加えて、島の規模や地形と密接に関連して、多様な海岸構造を見ることができる。例えば、比較的小さな島嶼である与論島や沖永良部島の外周の多くはサンゴ礁リーフで囲まれており、これらの島は平坦で大きな河川がないことから、河川水の影響が少ない。一方、奄美大島には、住用川や役勝川など、山間部の森林から流れ込む河川があり、河口域に広大な干潟とマングローブ（メヒルギ *Kandelia obovata* Sheue, Liu & Yong やオヒルギ *Bruguiera gymnorrhiza* (L.) Lamk. などの群落；図 4-1-4) が形成されている。また、奄美大島と加計呂麻島に挟まれた大島

海峡には複雑な地形のリアス式海岸、奄美大島北部には龍郷湾や笠利湾が連なるなど、陸地に囲まれた内湾環境が多く見られる（図4-1-5）。さらに、サンゴ礁リーフが発達していない場所には、本土で一般的に見られる磯に似た、平滑な岩や礫からなる岩礁域も存在する。このように、奄美群島の沿岸は、島嶼の規模や複雑な地形、河川やサンゴ礁リーフの有無等によって多様な海岸構造となっており、それぞれの環境に適応した生き物が暮らす生態系が形成されている。

図 4-1-4. 住用干潟とマングローブ

図 4-1-5. 大島海峡とリアス式海岸

　海の生き物が生きる環境には海水が不可欠だが、島嶼の地形や環境によって海水の環境も多様である。奄美群島では、北西沖の東シナ海に黒潮が南西から北東に流れており、この暖かい潮流の影響を強く受けることから、熱帯・亜熱帯性の生き物を多く見ることができる。黒潮は一般的に塩分が比較的高く、窒素やリンの濃度が低い「貧栄養」の海水として知られ、海中のプランクトンや懸濁物の少なさゆえに透明度の高い環境を作り出す要因となっている。河川の影響の少ない場所では、このような高塩分で貧栄養な外洋の海水の影響を受けやすい。一方、河口近くや内湾では陸水の影響を受けやすいため、干満や陸水の水量による塩分や水温の変動が大きく、栄養塩は陸域からの供給によって高くなる傾向にある。このように、島嶼の地形や海岸構造によって、海水の物理的環境も多様であり、多様な生物の生育環境の基盤となっている。

　一方、底質も多様な生物を育む環境の基盤となっており、海岸構造や波浪

の強弱、干満、陸水の影響も関連し、各ハビタットに様々な生き物が生息している。サンゴ礁リーフの礁池や礁嶺では、閉鎖的な環境ゆえに水温や塩分の変化が起こりやすく、比較的、高水温や高塩分に耐えうる生物が多く見られる。陸地に近い静穏な砂地には海草（海産顕花植物）のアマモ場が見られる一方で、サンゴ由来の岩盤や岩塊には有藻性の造礁サンゴや海藻類が生育する。また、礁池には造礁サンゴや海藻海草の隙間を棲み家とする魚類やベントスが多数生息する。かつては礁池内でも季節的に繁茂するガラモ場が少なからず見られたが（野呂・椎原 1989 など）、近年ではサンゴ礁リーフで1メートルを超える大型藻類を目にする機会は少ない。また、礁嶺や礁縁上部は波当たりが激しく、大形の海藻や華奢な造礁サンゴ類は少ない。一方、礁縁外部、縁脚上には波当たりに強い造礁サンゴ類や小形海藻類が繁茂し、比較的明るい環境を好む多様な生物群集が見られる。縁溝と呼ばれる谷の部分には、死サンゴ骨格を主とする礫底が見られる場所が多いが、礫のすきまには多様な小動物が潜み、それを捕食する魚が集まる。サンゴ礁の表面には大小様々な孔が開いており、見た目上の何倍もの表面積を持つ、収容力の高い環境として知られている（Dahl 1973 など）。数ミリメートルの細かい孔は多様な微生物が棲み込み、数センチメートルの孔には小型魚類やベントスの恰好の隠れ場となり、数メートル規模の洞窟内部には光を嫌う夜行性魚類や目の退化した洞窟性の動物など特異な生物の姿を見ることができる。徳之島や沖永良部島には多くの海中洞窟があり、特に徳之島では洞内で海水と真水が混じる特殊な洞窟（アンキアライン洞窟）の存在が知られている。

　礁外部の斜面は、深く潜れば潜るほど暗く冷たくなる一方、表層と比べて変動が少なく安定した環境となる。近年、水深 30 から 40 メートル以深の薄暗い環境にも造礁サンゴ群集が多く存在することが知られており、そこでは浅場とは異なる生物たちの姿を目にすることができる。メソフォティックリーフと呼ばれるこれらのハビタットは、新種の発見など、これまで十分に研究がなされてこなかった環境として注目されつつある（Kahng et al. 2010 など）。

　このように、サンゴ礁生態系における生き物の分布は一様でなく、サンゴ礁リーフに対する場所や底質、波浪等でモザイク状またはパッチ状に異なっ

ている。サンゴ礁リーフ内の環境は、干満による干出の有無や河川・湧水など真水の影響も生き物の分布に影響を与える。潮間帯である礁嶺上部には一定時間の乾燥に耐えられる生き物が生息する。一方、潮下帯に該当する礁池には乾燥に弱い種類が生息する。また、礁池内では干満に伴う海水の潮流があり、潮流の強弱は場所によって大きく異なる。特に、リーフが途切れている場所では、沖方向に卓越した離岸流が頻繁に発生していることが多い。

　サンゴ礁リーフ以外でも、底質は沿岸域の生き物の暮らす環境の重要な要素となっている。奄美大島の笠利湾や龍郷湾、大島海峡など内湾は、潮間帯から潮下帯まで砂泥底が占める割合が多く、一見、生き物がほとんどいない環境にも見える（図4-1-6）。これらの場所の底質は粒径の細かい「シルト」が中心で、水中を漂う懸濁物が原因で濁っていることが多いが、決して、大都市圏の港湾等で見られるような「ヘドロが溜まった汚い海」ではない。海底の下も様々な埋在性ベントスが暮らす場所となっており、日中には生き物の気配

図 4-1-6. サンゴ礁外縁の砂底

が感じられない砂底でも、夜に訪れれば日中には隠れていた大小様々な生物が乱舞している様を見かける時も少なくない。また、同じ砂泥底に見えても、潮流や粒径など細かい違いで見られる種が違う。場所によっては、不安定な砂泥底ならではの自由生活性のサンゴ群集が広がっている場所もある。さらに、沖合で漁獲される魚類も生活史の一時期を内湾で過ごすことが知られるなど、内湾の砂泥環境は水産資源の保全に対しても重要な場所である。湾内には、やや粒径の大きい砂地もあり、海草のアマモ場が見られる。このようなアマモ場には、褐藻のオキナワモズク *Cladosiphon okamuranus* Tokidaなども混生し、モズク養殖の種付けの場所としても利用されている。さらに、アマモ場の存在が、近接する造礁サンゴ群集の健康維持に重要な役割を果たしていることも近年になって知られるようになってきた（Lamb et al.

2017)。

まとめ

　奄美群島の沿岸環境は実に多様であり、それぞれのハビタットに適応した生き物が一連の生態系を形成することで、奄美群島全体で高い生物多様性を作り上げている。また、これらの沿岸生態系と生物相は、黒潮の影響によって北半球で最も高緯度に張り出した熱帯・亜熱帯性の生態系であることも特筆すべき点である。サンゴ礁域では造礁サンゴ類の主な生息環境であるサンゴ礁地形ばかりに注目が集まりがちだが、実は、藻場や砂泥底、礫底や洞窟まで、多様な環境が互いに繋がり関わりあうことで生態系の大枠が成り立っている。本章では、奄美群島の沿岸域に暮らす生き物とその環境について紹介すると共に、それぞれの生態系の位置づけと相互関係について紹介する。

（藤井琢磨・寺田竜太）

参考／引用文献

Dahl AL（1973）Surface area in ecological analysis：quantification of benthic coral-reef algae. Marine Biology. 23：239-249.

Kahng SE, Garcia-Sais J R, Spalding H L, Brokovich E, Wagner D, Weil E, Hinderstein L, Toonen RJ（2010）Community ecology of mesophotic coral reef ecosystems. Coral Reefs. 29：255-275.

環境省・日本サンゴ礁学会（2004）日本のサンゴ礁．環境省，東京，375pp.

Lamb JB, van de Water JA, Bourne DG, Altier C, Hein MY, Fiorenza EA, Abu N, Jompa J, Harvell CD（2017）Seagrass ecosystems reduce exposure to bacterial pathogens of humans, fishes, and invertebrates. Science. 355：731-733.

野呂忠秀・椎原久幸（1989）奄美大島シラヒゲウニ漁場の海藻相．水産増殖．37：87-91.

Yamano H, Sugihara K, Watanabe T, Shimamura M, Hyeong K（2012）Coral reefs at 34°N, Japan：Exploring the end of environmental gradients. Geology.（40）：835-838.

山野博哉（2008）日本におけるサンゴ礁の分布．沿岸海洋研究．（46）：3-9.

山野博哉・杉原 薫（2013）九州，四国，本州のサンゴ群集．柴山和也、茅根創編著．日本の海岸．pp.102-103．朝倉書店，東京．

第2章
サンゴ礁で暮らす生き物たち

1．サンゴ礁とサンゴ

　サンゴ礁は、奄美群島で暮らす人々にとって最も身近で、最も利用されてきた海洋環境ではないだろうか。おおよそ五千年もの昔から、島の人々はトビンニャ［マガキガイ *Conomurex luhuanus*（Linnaeus）］やヤコウガイ *Turbo marmoratus*（Linnaeus）、ブダイのなかまなど、貴重なタンパク源をサンゴ礁での漁労によって手に入れていたことが知られている（髙宮 2018）。地先にサンゴ礁の発達した集落では、石垣など、死サンゴ骨格が生活の資材としての活用を現在でも目にすることができる。また、風光明媚な風景による癒しなど、精神的な豊かさや観光資源としても重要な役割を果たしている。エメラルドブルーの海と白い砂浜のコントラストは頭に残りやすく、奄美のイメージとして左記の風景を思い浮かべる人も少なくないだろう。

　そもそも、サンゴ礁とは何だろうか。サンゴ礁とは、造礁サンゴ類の骨格が長い年月をかけて積み重なり作り上げられる「地形」のことである。この地形を作り上げる「造礁サンゴ類」とは、体の中に褐虫藻と呼ばれる藻類を共生させ、光合成によって得られた有機物を元に炭酸カルシウムの骨格を作り上げるサンゴの一群を指す。また、「サンゴ」とは「硬い骨格を持つ刺胞動物の総称」であり、実は生物学的には特定の分類群ではなく、上記の特徴を示す複数の生物を指す言葉であることも記憶の片隅にでもおいていただきたい。サンゴ類の一単位（一個体、一個虫）は「ポリプ」と呼ばれる花のような形をしている部位にあたる。多くの種では、このポリプが出芽や分裂などによってクローン個虫が多数連なった「群体」という生活様式を持つ。

第2章 サンゴ礁で暮らす生き物たち

図 4-2-1. 異なるグループに属する造礁サンゴ類. a, 生時のミドリイシ属の一種. 枝状群体（花虫綱六放サンゴ亜綱イシサンゴ目）；b, ミドリイシ属の骨格；c, 生時のアオサンゴ. 被覆—枝状群体（花虫綱八放サンゴ亜綱アオサンゴ目）；d, アオサンゴ属の骨格；e, 生時のホソエダアナサンゴモドキ. 枝状群体（ヒドロ虫綱ヒドロサンゴ目）；f, アナサンゴモドキ属の骨格. 各スケールは 2mm.

ビーチで死サンゴ石を拾ってみると、表面にポリプが収まっていた小さな孔がポツポツ空いている石が多いのに気づくだろう（図 4-2-1 a, f）。海で生きているサンゴ群体を見られる機会があれば、顔を近づけてみて欲しい（近づけすぎると刺されて痒くなる可能性もあるので注意！）。触手を伸ばすイソ

ギンチャク様のポリプがたくさん連なっている様が見えるだろう。刺胞動物のなかまなので、大なり小なり、物を刺すための「刺胞」というカプセルのような細胞小器官を有している（図4-2-2 a）。実は、ヒトが刺されて痛いと感じるか否かは、この刺胞の大きさがヒトの皮膚を貫通するに十分であるかどうかによるところが大きいと考えられている（Kitatani et al. 2015）。話がそれたが、ともかく、サンゴ礁とは「地形」のことであり、サンゴは「動物」である。地殻変動などによって海底が沈むと、それに伴い造礁サンゴ類は光が差す海水面にむかって成長を続ける。何らかの理由で死んだサンゴ骨格の上にまた新たなサンゴが成長する

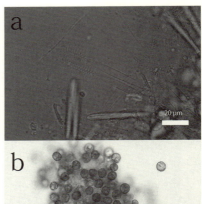

図4-2-2. 造礁サンゴ体組織の光学顕微鏡画像. a, 刺胞；b, 体内に共生する褐虫藻

ことで、何百年何千年という時間をかけてサンゴ礁という地形が出来上がるのである。

　造礁サンゴ類は複数の分類群にまたがっていることを先述したが、主となるのはイシサンゴ目（刺胞動物門花虫綱六放サンゴ亜綱）と呼ばれるグループである。イシサンゴ目はイソギンチャク目と同じ六放サンゴ亜綱とよばれる分類群に属しており、現在地球上で見られる種類は1,500種にのぼる。その内、約半数が体内に褐虫藻を共生させる造礁サンゴ類であると考えられている（例えばCairns 1999；図4-2-2 b）。共生する褐虫藻が何らかのストレスを受けてサンゴ体外に出てしまった状態を白化といい、サンゴ本体は栄養を得る手段が少なくなるため、白化状態が続けば死んでしまう。イシサンゴ目以外には、例えばアオサンゴ属やクダサンゴ属といった、八放サンゴ亜綱（刺胞動物門花虫綱）に属するグループも造礁サンゴ類として知られている（図4-2-1 c, d）。八放サンゴは、ポリプが必ず8本の羽毛状触手を持つこと

で見分けられる。多くの八放サンゴ亜綱の身体には骨片という微小な骨が散在するが、カッチリ固まった骨格は欠くため柔らかい。これらは後述するアオサンゴ目、筋肉質の柄を海底に突き刺して生活をするウミエラ目と、それ以外のウミトサカ目に大別される。ちなみに、一般的に「柔らかい身体のサンゴ」を指して用いられることが多い「ソフトコーラル」という用語は、学術的には「八放サンゴ亜綱ウミトサカ目のうち、身体を支える骨軸をもたないもの」を指すことが多い（Daly et al. 2007）。ほとんどの種が柔軟な身体を持つ八放サンゴ亜綱にあって、アオサンゴやクダサンゴは例外的に骨格を持ち礁地形を作り出す能力を持つため造礁サンゴ類の一つに数えられる。また、ヒドロサンゴ類と呼ばれるグループは、さらに遠く離れたヒドロ虫綱と呼ばれる分類群に属している。ヒドロ虫綱は、例えばオワンクラゲ *Aequorea coerulescens*（Brandt）やカツオノエボシ *Physalia physalis*（Linnaeus）に代表されるような、浮遊するクラゲ期を一生のなかでもつ一群である（イシサンゴやアオサンゴなどが属する花虫類はクラゲを作らない）。サンゴ礁で目にする機会が多いアナサンゴモドキ属は硬い骨格を形成し、さらに強い刺胞と刺胞毒を持つことから、英語では「ファイアーコーラル」と呼ばれる（図 4-2-1 e, f）。以上は一例ではあるが、「サンゴ」「ソフトコーラル」「造礁サンゴ」と表現すると、実は多岐にわたる生物が含まれる曖昧な言葉であることがお分かりいただけたことだろう。

　造礁サンゴ類の骨格は、様々な形をしている。球のような塊状群体、絨毯のような被覆状群体、バラの花のような葉状群体、柄付きの円盤のようなテーブル状群体、木のような枝状群体など、多種多様なサンゴ群体が海底に広がることで、サンゴ礁の海底には非常に複雑な立体構造が生まれる。この複雑な構造には、サンゴ群体の隙間を隠れ家としたりサンゴそのものを餌としたりする小さな生物が棲み込み、さらにそれら小さな生物を捕食する大きな生物が周囲に寄って来るなど、連鎖的に生物多様性を生み出す仕組みが備わっている（例えば、西平 1996）。次項からは、造礁サンゴ類を主として環境ごとに見られる生き物たちの違いや、その素晴らしき生き方、観察する手段について例を挙げながら紹介する。

2. 礁池内で見られる生き物たち

　礁池は最も陸地に近く、人々の身近にある環境である。天然の防波堤に守られた静穏かつ水深の浅い環境は、海水浴には絶好である。夏の日差しで温められた海水につかれば、日々のストレスも吹き飛ぶ。しかしながら、生き物たちにとっては、これがひと問題である。水の入れ替わりが起こりにくい礁池の海水は、夏季には急激に温められ、冬季には急激に寒気にさらされることになる。また、礁池の海底には地下水が湧き出していることも多く、河川水の流入や奄美群島特有の豪雨による雨水の流入など、塩分濃度の急激な変動にさらされることもある。実は、ヒトにとって平和な礁池の水面下には、急激な環境変化に耐えうる生物しか生息することができない厳しい環境とも言えるのである。

　プカプカ浮き輪遊びに飽きたら、是非、箱メガネやシュノーケリング道具を使って海中を覗いていただきたい。あちらこちらに、塊状や指のような形の枝状ハマサンゴ属、潮通しの良い場所ではテーブル状ミドリイシ属や縮れ

図 4-2-3. 礁池内で見られる多様な枝状群体優占サンゴ群集（奄美市大浜海岸）

た板のようなコモンサンゴ属などの姿を目にすることができるだろう（図 4-2-3）。ハマサンゴ属は一般的に水温の変化に強く、他のサンゴが大規模白化を起こした後に死滅した場所でも生き残っている姿を見かける。その一方、群体の成長は遅く大きくなるまでに時間がかかるため、成長が速い種に覆われて光を遮られてしまえば生存競争に勝つことはできない。直径数メートルにもなる大型のハマサンゴ群体は何百年と生きていることが知られている。ハマサンゴの骨格には、クリスマスツリーワームと呼ばれる色とりどりのイバラカンザシ *Spirobranchus corniculatus*-complex（環形動物門多毛綱）や、地域によっては食用とされるフタモチヘビガイ *Ceraesignum maximum*（G.B. Sowerby I）（方

言名ナガンニャ）などの生物が棲み
こむ（図4-2-4 a）。また、海水面に
達するまで成長を続けたハマサンゴ
群体は、それ以上上方に成長するこ
とができないため水平方向のみに成
長を続け、マイクロアトールと呼ば
れる円柱状の群体となる（図4-2-4
b）。このマイクロアトール上部は、
礁池の縮尺版とも呼ばれる小さな生
態系が形作られ、様々な海藻やスズ
メダイなどの魚、小さな甲殻類など
が棲みつくことが知られている（西
平1996など）。

　ハマサンゴ属以外の造礁サンゴ
類、例えばミドリイシ属やコモンサ
ンゴ属を主とする群集は一般的に成
長が速く、太陽光を巡る場所取り競

図4-2-4．礁池内で見られる塊状ハマサンゴ群体．a, イバラカンザシ；b, マイクロアトール状群体（徳之島町母間）

争には秀でているが、水温など環境の変動には弱く、比較的短い期間で減少
と回復を繰り返すと考えられる。例えば奄美大島名瀬にある大浜海岸の礁池
内では、1998年に記録された世界的な夏期高水温による大規模白化で造礁
サンゴ被度が極めて低下したが（環境省・日本サンゴ礁学会2004）、2015年
には筆者と共同研究者らで観測を行った群集では被度60％までに快復し、
一斉放卵も観測された。しかし、2016年と2017年には2年連続での異常水
温が記録され、上記の被度まで回復していた群集の被度も10％近くにまで
低下した。逆に冬期の寒波による礁池内の造礁サンゴ群集の中規模白化も観
測されている。事実を裏付ける十分な調査はなされていないが、2017年度
に進行した奄美大島周辺サンゴ群集の被度低下の一因となっている可能性も
否定できない。低水温ストレスは北限域にある奄美群島周辺のサンゴ礁特有
の課題とも言える。異常水温による造礁サンゴ類の大量死の要因として、地
球規模の気候変動、温暖化が有力な候補として挙げられている。しかしなが

ら、サンゴ礁環境における造礁サンゴ類の減少と回復が実際に気候変動の影響を受けているのか明らかにするためには、数十年、もしかしたら化石調査を含む何百何千年規模での観点から科学的な解析を行う必要がある。

礁池内で見られる生き物に話を戻すと、サンゴ骨格による礫底には、シラヒゲウニ *Tripneustes gratilla* (Linnaeus)（近年、めっきり姿を見なくなってしまったが…）やニセクロナマコ *Holothuria leucospilota* (Brandt)、アオヒトデ *Linckia laevigata* (Linnaeus) など棘皮動物を見つけることができる。より細かい砂混じりの場所では、居酒屋で馴染み深いマガキガイ（トビンナ、テラダなどの方言で呼ばれる）やクモガイ *Lambis lambis* (Linnaeus)、ジャノメナマコ *Bohadschia argus* Jaeger などの姿も見られる。複雑な凹凸のある岩の隙間からはクモヒトデ類の腕や、ナガウニ類、多様なオウギガニ類、きれいな色彩をしたオトヒメエビ *Stenopus hispidus* (Olivier)（図4-2-5 a) 等を見つけることができるだろう。また、シラヒゲウニやラッパウニ *Toxopneustes pileolus* (Lamarck) の棘の間を注意深く観察すると、縦じまの目立つゼブラガニ *Zebrida adamsii* White（図4-2-5 b) を見つけることもある。ゼブラガニは宿主であるウニ類の棘や管足を刈り取る（おそらく餌の一部にするのだろう）という、宿主にとってははた迷惑なことをする。島ごと、あるいは地域ごとにも礁池内で見られる生き物は異なり、また昼と夜でも大きく異なるため、様々な条件で気軽に生物を観察できる絶好の環境と言える。

図4-2-5. サンゴ礁に生息する甲殻十脚類1. a, オトヒメエビ, 徳之島千間海岸にて；b, シラヒゲウニに共生するゼブラガニ, b, 写真提供 松岡 翠

3．礁嶺から礁斜面にかけて見られる生き物たち

　陸地から泳ぎ、干潮時には干上がる礁嶺部を越えると、外洋の影響をより強くうける礁斜面に差し掛かる。礁嶺外縁から礁斜面の浅場にかけては、礁池内ほどの水温や塩分濃度の変動は起きない一方、強いうねりや波風を受けるようになる。このような強い物理的な力を受ける環境に生息するサンゴや周辺生物は、やはり物理的に強い構造や生態を示すものが多い。例えば、概して太い枝状群体を示すハナヤサイサンゴ属やアオサンゴ属、密で重たい塊状群体を示すオオトゲサンゴ科等の造礁サンゴを多く見かければ、そこは定期的に強い潮流や波浪にさらされる環境であることが分かる（図4-2-6）。サンゴ礁生物たちの流れなどの外圧に対する適応策は様々で、上記サンゴのように骨格を強固にし流れに対抗するものもいれば、身体の柔軟性を高め流れをいなす対応をしているものもいる。

図4-2-6．礁縁上部で見られる、ハナヤサイサンゴ属を主とする波浪に強いサンゴ群集（奄美市佐仁沖合）

　礁嶺の外側は、貧栄養で懸濁物の少ない外洋水の影響が強く、水が透き通っていることも多い環境である。礁外縁に発達する縁溝縁脚系のうち、外洋に向かって伸びる縁脚の尾根部分には、強い光を好み成長の早い造礁サンゴ群集が発達することが多い。健全なサンゴ群集では浅場から深場にかけて多種多様なサンゴ群体が混在し、枝状のミドリイシ属が主となる群集から次第にニオウミドリイシ属やコモンサンゴ属、リュウキュウキッカサンゴ属などの板状、被覆状群体が岩盤を覆い、それらの間にはサザナミサンゴ科の塊状群体が点在する。成長が速い種が多いということは、それだけエネルギー生産の源となる光、ひいては生息場所をめぐる競争は激しくなる。他の群体の上方に進出することができる葉状群体、より広範囲に光を受けるためテーブル状に広がる群体、表面積を増やし伸展速度を増すことができる

枝状群体、他生物を駆逐するための強大な刺胞や攻撃特化した触手等器官の獲得など、様々な手段で環境に適応することで、群集全体としての多様性も生み出されている。造礁サンゴ類を観察する際には、その群体の形状の意味を想像してみると楽しさが増すことだろう。

　サンゴ礁外縁のサンゴ群集には、やはり礁池とは比べられないほど多様なベントス相が見られる。造礁サンゴ類と同様に光合成によってエネルギーを産生する動物としては、同じ六放サンゴ亜綱のイソギンチャク類やスナギンチャク類、更にウミトサカ類を主とする八放サンゴ類（ソフトコーラル）、そのほかにもシャコガイ類、ホヤ類、海綿類などが例として挙げられる。共生する藻類にも多岐にわたる種類があり、それぞれ、高水温に強い藻類や様々な環境中に存在するため獲得しやすい藻類など、様々な特性を持っていると考えられている（Baker 2003）。一方、同じ光合成を行う固着生物、という類似した特徴を持つことで、時として造礁サンゴ類の競合相手となる側面もある。例えばスナギンチャク類も、稀に造礁サンゴ類にとってかわって礁外縁に優占することが知られている。サンゴ礁域で見かけるスナギンチャク類の多くは、一見すれば被覆状のイシサンゴ類であるように思えるが、骨格や骨片はいっさい持たない。同じく骨を作らないイソギンチャク類のようにも見えるが、スナギンチャク類の多くは群体性である（イソギンチャク類とは明確に区別される別生物である）。一般の海水浴客やダイバーが最も目にする機会の多いイワスナギンチャク属は、骨を作らない代わりに、砂や他生物が作った骨格骨片の破片を体内に取り込むことで身体の堅牢性を高めている（図4-2-7）。また、このグループはパリトキシンという海洋生物が作り出す化学物質（生化合物）の中で最も強い毒の一つを体内に保有することで知られている。あまりの毒性の強さゆえ、かつてハワイ諸島の原住民には毒槍の原料として用いられており、その生息場所は部族内での機密事項とされていたそうだ

図4-2-7．イワスナギンチャク群体

(Moore & Scheuer 1971 など)。どうやら毒を持つ地域や季節には変動があるようだが、毒を作り出す仕組みも含めて、いまだに明らかにはされていない(Aratake et al. 2016)。

4．サンゴと共生する生き物たち

温暖なサンゴ礁域における造礁サンゴ類は、光合成による一次生産者としてのほかに、その骨格の構造によって「生息環境」そのものを作り出す重要な役割を担っていることは先述したとおりである。光合成を行っている正体である褐虫藻も、まさに造礁サンゴ類の体内という生息環境に"共生"して生きているのだが、体外にも多くの生き物が共生することが知られている。

エビやカニの仲間に代表される十脚目甲殻類に注目しよう。枝状サンゴ群体の枝間をのぞき込めば、サンゴガニ *Trapezia cymodoce*（Herbst）、アミメサンゴガニ *Trapezia areolata* Dana などのサンゴガニの仲間（図 4-2-8 a, b；サンゴガニ科）と目が合うかもしれない。彼らはサンゴ類の群体を隠れ家とし、サンゴが分泌する粘液（多糖質の物質）などを餌として生活する一方、宿主のサンゴがオニヒトデ *Acanthaster planci*（Linnaeus）による捕食にさらされるとハサミをふるって撃退する行動が知られている。サンゴガニ類は多くの場合雌雄ペアでいる

図 4-2-8．サンゴ礁に生息する甲殻十脚類 2. a-b, サンゴガニ，枝状サンゴの樹間に生息する 徳之島千間海岸（a）および八方サンゴ類に生息（b）；c, アシビロサンゴヤドリガニ，赤水海岸にて．b, 写真提供 松岡 翠，c, 写真提供 山田 守彦

ことが多い。彼らの子供も他のカニ類と同じく浮遊幼生で、いかにして共生相手のサンゴにたどり着くのかという初期生活史における行動は不明である（鹿谷 1999）。

時折、サンゴの骨格に明らかに不自然な瘤などの構造が見られることがある。これは、サンゴヤドリガニ科に属するカニ類が作りだした「かに瘤」である。サンゴヤドリガニ類はサンゴガニ類のように枝間を動き回るのではなく、サンゴの成長を操り、硬い骨格に覆われた自分のシェルターを作り上げる（図4-2-8 c）。身体をスッポリ覆ってしまうタイプの瘤を作るカニは身動きできなくなってしまうのだが、サンゴヤドリガニ類の多くはサンゴが分泌する粘液を効率よく掃きとる形の脚を持っており、動かずとも食っちゃ寝の生活（？）ができるのである（Kropp 1986など）。ただ、かに瘤の外に面している穴は瘤が大きくなる、つまりサンゴヤドリガニ類が成長するにつれて小さく閉じていく。そのため中のサンゴヤドリガニ類は、種によっては一生外には出られない状態になる。繁殖がどのように行われているのかはまだ明らかにされていない（Takeda & Tamura 1979）。

次に魚類に注目しよう。より大きな枝間に見られるユーモラスな顔をしたサンゴハゼ類も枝状サンゴ群体の隙間のみで見つかり、一定以上の大きさに育ったサンゴに依存していると考えられる。また、厳密に共生関係と言えるかどうかは難しいが、スズメダイ属やチョウチョウウオ属の幼魚は造礁サンゴ群体を隠れ家として依存している種類も多い。他にも、一定以上の大きさにまで成長したアザミサンゴ属の群体表面でしか見つからないチンヨウジウオ *Bulbonaricus brauni*（Dawson & Allen）といった、造礁サンゴ類に極度に依存する種の存在も知られている（Suzuki et al. 2002；Koeda & Fujii 2015；図4-2-9）。

このように、健全な環境における造礁サンゴ群体の隙間には、他にも多種多様な生物が共生している。宿

図4-2-9. アザミサンゴ群体表面に生息するチンヨウジウオ

主の造礁サンゴ類との関係はともかく、これらの多様な生物が同じ一つのサンゴ群体の中に同時的に共生していることには驚くばかりである。彼らにとっては身体周囲の僅かな空間で十分に満足できるのか、あるいは造礁サンゴ類という小さなハビタット自体の許容量が見かけからは想像できないほど大きいものであるのか、まだまだ謎は多い（Tsuchiya & Taira 1999）。いずれにせよ、造礁サンゴ群体という、ヒトにとっては小さく見えるハビタットの中には、いくら観察しても飽きがこないほど複雑かつ多様な種間関係が成り立っているのである。

5．サンゴに害なす生き物たち

　スナギンチャク類が、本来ならば造礁サンゴ類が覆っている海底を取って代わったかのように覆う現象が稀に起こることを先に述べたが、他にも無節サンゴ藻などの藻類が造礁サンゴ類にとってかわってサンゴ礁の海底に優占して広がる現象が知られている。その原因として、何らかの攪乱によって造礁サンゴ類が大量死したうえ、サンゴ群集の回復を阻害するような水環境に変化してしまった場合発生しうると考えられている（大葉 2011）。造礁サンゴ類が大量死する原因としては、先述した夏季の高水温ストレスによる大規模白化が分かりやすい例だが、赤土など汚染水の流入や病気の流行、外敵の異常増殖なども知られている。奄美群島で大規模白化について報告されているのが、オニヒトデ *Acanthaster planci*（Linnaeus）による食害である。オニヒトデの大発生については、昨今では様々な媒体によって解説が行われているため本書では詳しい解説は省略させていただくが、奄美群島では、古くは1912年の与論島での大発生以後、数十年おきに大発生が記録されており、南から北へと海域を拡大して造礁サンゴ類の被度を大きく低下させてきた（環境省・日本サンゴ礁学会 2004）。そもそも、オニヒトデはサンゴ礁では元から広く分布している生物であり、食って食われる関係が成り立つサンゴ礁生態系の一員である。異常増殖の要因は海水の富栄養化と長らく予想されてきたが、それが実際に人為的な要因によるものかどうか、ようやく研究が進められつつある（Brodie et al. 2017）。異様なまでに攻撃的な容姿のこのヒ

トデが、いつか、サンゴを食い荒らす"悪者"という主観から解き放たれて、サンゴ礁生態系を支える一員としての純粋な興味が集まることを願っている。

類似した現象として、近年、サンゴを覆い殺す海綿の存在も知られるようになった。これの原因となるのはテルピオス・ホシノータ Terpios hoshinota Rutzler & Muzik という種の海綿動物である。海綿は多細胞ながら特定の機能をもった器官が少なく原始的な動物であり、水中の浮遊物を濾過して主な栄養を得るためにスポンジ状の（まさに海綿の英語がスポンジなのだが）身体の隙間に水を循環させている。テルピオス・ホシノータは灰色〜黒色をした被覆状の海綿で、細胞内にシアノバクテリアという光合成を行う微生物を共生させている（図 4-2-10）。テルピオス・ホシノータはサンゴに好んで覆いかぶさるように成長することが知られており（Plucer-Rosario 1987）、覆われたサンゴは光合成も呼吸もできなくなるため死んでしまう。時として数百メートルに及ぶサンゴ群集がこの海綿に覆われ、急激にサンゴ被度が低下する現象が知られている。本種は 1900 年代に新種記載されたばかりなのだが、それ以前より、太平洋各所にてその存在は知られていた。なお、本種は徳之島をタイプ産地（＝新種が発表される際の基準となる証拠標本が得られた

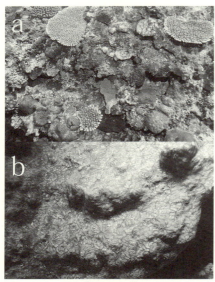

図 4-2-10. 黒色海綿. a, サンゴ群集上に大発生したテルピオス；b, 星状模様が見える典型的な外見

場所）として新種記載されており、国内では 1980 年代に徳之島の与名間、2000 年代に沖永良部島の屋子母の両海岸にて大量発生したことが記録されている（Rützler & Muzik 1993 など）。筆者らは、2016 年ころから奄美大島西岸にて、中〜大規模な本種の群集拡大を観察している。当初は数十センチ

規模の小さなパッチだったものが、一年後には数十メートル四方におよんで断続的に造礁サンゴを覆っており、その被度は海底面積の五割近くにも及んでいた。隣接する区域では造礁サンゴ被度が６割近くあるのに対しテルピオスに覆われた区域では２割未満にしか満たないことから、造礁サンゴ類に対する負の影響は小さくないことが分かる。過去の報告では、大発生は短期的に消滅する場合も少なくないとされているが、奄美大島での大発生は複数年度にわたって継続していること等からも、引き続き調査が必要である。本種の大発生は、環境さえ良好であれば数年で収束にむかう造礁サンゴ群集の回復を見せると考えられているが、慢性的に十数年間続いたとされる例もある（岡地 2011）。なぜ大発生が引き起こされるのか、いつから、どの程度の速度で分布が広がっているのか等々、不思議な生物である。今後の調査研究によって理解が進むことが期待される。

６．サンゴ礁に連なる環境の例、礫底

　ついつい澄み渡った景色のサンゴ礁にばかり注目してしまうが、奄美群島の海の魅力はサンゴ礁ばかりではない。本章の最後に、サンゴ礁に連なる「サンゴ礁地形」以外の海中環境について紹介したい。

　サンゴ礁の形成は主に死サンゴ骨格の堆積によるものであることは繰り返し説明したが、死んだサンゴの骨格は必ずしも礁の上に体積するわけではない。いろどり豊かなサンゴ群集の側に目をむければ、必ずと言ってよいほど、死サンゴ転石の礫底や、サンゴの骨や貝柄などサンゴ礁生物の骨が細かく砕けて形成された砂底がある。また、脆く浸食されやすい石灰岩でできた礁斜面には、多くの海中洞窟も見られる。一見、生物が少なく見えるハビタットにも、その環境ならではの魅力あふれる生き物たちがいるのである。

　造礁サンゴの骨格は複雑な三次元構造をしているため、死んで砕けて礫となって積み重なった隙間には、捕食者から逃れるのにちょうどよい多様なサイズの隙間が出来上がる。一般にガレ場といわれるところである。潮通しの良い場所、例えば波当たりの強い礁縁の窪地や、水の通り道である縁溝にたまった礫の隙間にはホシズナ *Baculogypsina sphaerulata*（Parker & Jones）や

タイヨウノスナ Calcarina gaudichaudii d'Orbigny in Ehrenberg といった有孔虫類、様々な色形をした多孔質の海綿動物、くねくねと隙間に潜り込もうとする細長い身体の環形動物や紐型動物、星口動物など様々なベントスが棲みつく（藤田 2018）。特にサンゴ礁外縁に見られる砂礫のたまった窪地は、中琉球においてはカタマ、あるいはそれに類似した方言名で地元の漁師を主として一つのハビタットとして認識されており、好漁場として古くから用いられてきた（渡久地ら 2016；図 4-2-11)。狭い隙間に潜り込めるペチャンコな形をしたガレバヒシガニ *Furtipodia petrosa* (Klunzinger) や、細長い手足に異物をまとって隠れ身の術をしているかのようなクモガニ類、手にイソギンチャクを振りかざし外敵を追い払うキンチャクガニ類、透き通って透明なカクレエビ

図 4-2-11. 礁縁部、特に縁溝に見られるガレ場（大和村志戸勘のカタマ地形）

図 4-2-12. 転石裏で見つかる生きものたちの例．a，キンチャクガニ；b，ウミハリネズミ；c，ゴマフクモヒトデ；d，イワホリイソギンチャクの一種

類、長い腕を振って隙間に逃げ込むクモヒトデ類や水を噴射して逃げ込むミノガイ類、細かい隙間から触手を広げるイソギンチャクやコケムシなど、一つ一つ礫の裏を覗きながら面白い形の生き物を探すのは、さながら宝探しのようで時間の経過を忘れてしまうことだろう（図 4-2-12）。このように、一見荒れ果てた荒野のようなガレ場にも多くの生物が生息し、その生命を営々とつないでいるのである。

7．サンゴ礁に連なる環境の例、砂泥底

　サンゴ礁が発達しない内湾にも、実はユニークかつ多様なサンゴ群集が発達する。サンゴ礁が発達する環境要因としては、冬期も海水温が高く保たれ真水の影響が少ないこと、十分な光がさすこと、また波当たりが強く栄養の供給と堆積物の排除が促進されることが考えられている（山野 2008）。内湾環境は左記の条件とは逆で、河川からの流入水の影響をうけて比較的低塩分低水温になりやすく、また閉鎖的で静穏、堆積物が多く濁りが強い場所が多いため、サンゴ礁地形を確認できる場所は少ない。しかし内湾で造礁サンゴ類が生息できないわけではなく、あくまで、サンゴ礁が形成されるほどの成長の早い種類のサンゴが、サンゴ礁が形成されるほど長い期間生存しない、というだけである。内湾に生息する造礁サンゴ類や、その周辺で見られる生物たちは、その独特の環境に適応するために様々な姿かたち、暮らし方を見せてくれる。

　奄美大島は複雑な海岸線が作り出す多くの湾や海峡があり、まさに内湾環境が奄美大島を特徴づける海洋環境と言っても過言ではないだろう。奄美大島の湾奥には、ところによって水深 10 m付近から、葉状群体のセンベイサンゴ属が優占する造礁性サンゴ群集が見られる（図 4-2-13）。センベイサンゴ属の群体は概

図 4-2-13．静穏かつ多懸濁物の内湾環境で見られる葉状群体優占サンゴ群集（龍郷町久場）

して薄く扁平な、まさにセンベイのような葉状群体を示し、薄暗い低光量および懸濁物の多い環境での生息に耐性があると考えられている（西平・Veron 1995 など）。センベイサンゴが優占する群集は、沖縄など他の海域では水深 30〜40 m以深の礁斜面、いわゆるメソフォティックリーフからの報告が多い。国内では西表島網鳥湾の水深 50 m以深でのみしか見つかっていなかったアミトリセンベイサンゴ Leptoseris amitoriensis Veron の小規模群集も、大島海峡の水深 30 mから見つかった（藤井ら 2018）。

　一見、なにも生物がいないような、まさに砂漠のような砂泥底にも、実は造礁サンゴ類他、様々な生き物たちが生息しており、定着するには不安定かつ流動的な底質に適応するための様々な戦略が見てとれる。例えば、奄美大島沿岸の内湾砂泥底には、複数個所で「歩くサンゴ」ことスツボサンゴ Heteropsammia cochlea（Spengler）やムシノスチョウジガイ Heterocyathus aequicostatus Milne Edwards & Haime を主とした砂泥底性サンゴ群集が見つかる。これらの種は、世界的には希少なわけでもなく生息が内湾に限られる訳ではないが、浅場でレジャーダイビングでも生きた姿を見られる場所は多くない。イシサンゴ目は能動的に移動する能力は概して非常に低いため、砂泥底では簡単に砂に埋もれたり波に煽られてひっくり返ったりしてしまうのだが、上記の2種は骨格内にホシムシ類（星口動物門サメハダホシムシ綱）を住まわせ共生することで、見事に砂泥底に適応している（図 4-2-14-a）。自らの骨格にホシムシが棲み込める孔を開けるのだが、ホシムシ類の成長に従い孔も大きく成長させること

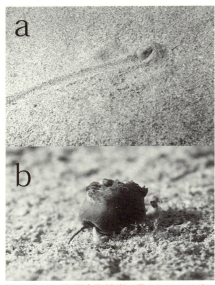

図 4-2-14. 瀬戸内町沿岸で見られるスツボサンゴとの共生. a, 一般的に知られていたホシムシ（タテホシムシ属）との共生; b, 新たに見つかった新種スツボサンゴツノヤドカリとの共生

で、この移動手段を持続的に確保しているのである。驚くべきは、この奇跡のような適応進化が、科レベルで異なる2種において、ほぼ同様の形で見られることである（西平 1996 など）。さらに近年、この奇跡の共生関係に割ってはいるかのように、ホシムシ類の代わりにスツボサンゴツノヤドカリ *Diogenes heteropsammicola* Igawa & Kato という新種のヤドカリがスツボサンゴを背負っているのが見つかったのである（図 4-2-14-b）。このヤドカリは現在のところ奄美大島および加計呂麻島沿岸でしか見つかっておらず（Fujii 2016; Igawa et al. 2017）、水深 30 m 以深ではスツボサンゴ群体の約 3 割以上で、ホシムシ類の代わりにスツボサンゴツノヤドカリがスツボサンゴやムシノスチョウジガイの孔に共生しているようである。

　前述のように、スツボサンゴとムシノスチョウジガイは硬い岩に固着せずに生活する。砂泥域には同様な生活様式を示すサンゴが他にも複数知られ、ハマサンゴ科に属するコモチハナガササンゴ *Goniopora stokesi* Milne Edwards & Haime も、その1つである。更にこのサンゴは、自らの群体の上に小さな群体を作り出すという特異な生態を持ち、それが千切れ散らばることで、増殖していると考えられる。このサンゴは、日本では主に沖縄周辺の限られた海域にのみ分布することが知られており、奄美群島海域から発見されたことはなかった。しかし、筆者らが近年行った調査で奄美大島や加計呂麻島の沿岸から発見され、分布の北限が新たに明らかとなった（上野ら 2016）。実は奄美大島沿岸、いや奄美群島としても何種類の造礁サンゴ類が分布しているのかは正確に明らかにされてはおらず、証拠標本に基づく分類学的調査によって正確に種多様性を把握することが求められている。特に内湾環境は調査の対象になり難く、これまで奄美大島沿岸の生物多様性は過小評価を受けてきた可能性も考えられる。奄美大島の内湾砂泥底でのみミステリーサークルのような幾何学模様の産卵巣が見つかる魚類アマミホシゾラフグ *Torquigener albomaculosus* Matsuura（脊索動物門条鰭綱フグ目フグ科）が、世界的に報じられるほどセンセーショナルな生物であったにも関わらず、報告されたのもつい最近、2014 年であるということも、いかに当環境への注目が不十分であったかを物語っている（Matsuura 2014）。ガーデンイールの英名で一般市民からも人気を集めているチンアナゴ属の新種、ニゲミズチン

アナゴ *Heteroconger fugax* Koeda, Fujii & Motomura（脊索動物門条鰭綱ウナギ目アナゴ科）も 2018 年に奄美大島南部の大島海峡から新種記載されている（Koeda et al 2018）。本種の発見は、筆者らが砂泥底に生息するサンゴ類を探索している際、偶然にもたらされたものである。ひとたび発見されれば社会の注目を浴び観光資源としての活用も期待される生物であっても、それ以前は、誰も訪れない、気にも留めない砂泥環境にて長いこと生きていたのである。内湾のサンゴ群集は（その他の生物群集も）、陸地からの赤土や汚染水の流入、護岸や埋め立てによる物理的な攪乱などによって、急速に、しかし人知れず失われている可能性が高い。内湾性造礁サンゴ類の成長の遅さや、閉鎖性ゆえ外部からの新規個体の加入機会が限られる可能性などからも、ひとたび攪乱を受けた生物群集の回復には長い時間が必要となることは想像に難くない。

内湾環境は古くから魚垣漁や待ち網漁などで島の人々の暮らしを支えてきた環境であり、次章で解説される海草藻場が広大に広がる場所でもある。成長すれば沖合で漁獲されるフエダイやアジのなかまなど外洋性およびサンゴ礁性魚類、逆に河川へ上るリュウキュウアユなど両側回遊魚など、他の環境を主な生息地とする魚類の多くも、仔稚魚期など一生のうち一部の時期に内湾砂泥底で過ごす種も少なくない。昼には閑散とした砂底環境も夜に潜れば砂から這い出したベントスや甲殻類で溢れ、それを狙った大型魚類が集まっていることもある。本章では「サンゴ礁」を対象とした解説を主に取り扱ったが、実際には広義のサンゴ礁生態系はサンゴ礁地形のみで成り立っている訳ではなく、陸地から外洋まで一連の生態系が連なり、それぞれの環境に特有の生物が生息しており、それらが互いに行き来し関係しあって成り立っているのである。時には、そんな壮大な自然の成り立ちに思いをはせながら、礁池での安全な海水浴から湾内での粋なフライフィッシングなど、様々なかたちで海遊びを楽しんでいただければ幸いである。

（藤井琢磨・上野大輔・鈴木廣志）

参考／引用文献

Aratake S, Taira Y, Fujii T, Roy MC, Reimer JD, Yamazaki T, Jenke-Kodama H

(2016) Distribution of palytoxin in coral reef organisms living in close proximity to an aggregation of Palythoa tuberculosa. Toxicon. 111, 86-90.

Baker AC（2003）Flexibility and specificity in coral-algal symbiosis：diversity, ecology, and biogeography of Symbiodinium. Annual Review of Ecology, Evolution, and Systematics. 34(1), 661-689.

Brodie J, Devlin M, Lewis S（2017）Potential enhanced survivorship of crown of thorns starfish larvae due to near-annual nutrient enrichment during secondary outbreaks on the central mid-shelf of the Great Barrier Reef, Australia. Diversity. 9, 17 doi:10.3390/d9010017.

Cairns SD（1999）Species richness of recent Scleractinia. District of Columbia：National Museum of Natural History, Smithsonian Institution. Washington. pp12.

Daly M, Brugler MR, Carwright P, Collins AG, Dawson MN, Fautin DG, France SC, McFadden CS, Opresko DM, Rodriguez E, Romano SL, Stake JL（2007）Th phylum Cnidaria：A review of phylogenetic patterns and diversity 300 years after Linnaeus. Zootaxa. 1668, 127-182.

Fujii T（2016）A hermit crab living in association with a mobile scleractinian coral, *Heteropsammia cochlea.* Marine Biodiversity. 47(3) 779-780.

藤井琢磨・立川浩之・横地洋之（2018）アミトリセンベイサンゴ *Leptoseris amitoriensis*（イシサンゴ目ヒラフキサンゴ科）の奄美大島からの記録．タクサ：日本動物分類学会誌．44, 52-57.

藤田喜久（2018）エビ・カニ類の生息場所から見た沖縄の海の自然環境．沖縄県立芸術大学開学30周年記念論集．pp85-103.

Igawa M, Hata H, Kato M（2017）Reciprocal symbiont sharing in the lodging mutualism between walking corals and sipunculans. PloS ONE. 12(1), e0169825.

環境省・日本サンゴ礁学会(2004)　日本のサンゴ礁．環境省，東京．375 pp.

Kitatani R, Yamada M, Kamio M, Nagai H（2015）Length is associated with pain：Jellyfish with painful sting have longer nematocyst tubules than harmless jellyfish. PLoS ONE. 10(8)：e0135015. https://doi.org/10.1371/journal.

pone.0135015

Koeda K, Fujii T (2015) Records of the pughead pipefish, *Bulbonaricus brauni* (Gasterosteiformes：Syngnathidae), from Amami-oshima Island, central Ryukyu Archipelago, southern Japan. South Pacific Studies. 36(1)：33-38.

Koeda K, Fujii T, Motomura H (2018) A new garden eel, Heteroconger fugax (Congridae：Heterocongrinae), from the northwestern Pacific Ocean. Zootaxa. 4418(3)：287-295.

Kropp RK (1986) Feeding biology and mouthpart morphology of three species of coral gall crabs (Decapoda：Cryptochiridae). Journal of Crustacean Biology. 6 (3), 377-384.

Matsuura K (2015) A new pufferfish of the genus *Torquigener* that builds "mystery circles" on sandy bottoms in the Ryukyu Islands, Japan (Actinopterygii：Tetraodontiformes：Tetraodontidae). Ichthyological Research. 62(2), 207-212.

Moore RE, Scheuer PJ (1971) Palytoxin：a new marine toxin from a coelenterate. Science. 172 (3982)：495-498.

西平守孝（1996）足場の生態学．平凡社．東京．267pp.

西平守孝・Veron, JEN.（1995）日本の造礁サンゴ類．海遊社，東京．439pp.

岡地 賢（2011）サンゴを脅かす生きものたち．日本サンゴ礁学会編．サンゴ礁学 未知なる世界への招待．東海大学出版，神奈川．pp. 209-238.

大葉英雄（2011）サンゴ礁の植物たち．日本サンゴ礁学会編．サンゴ礁学 未知なる世界への招待．東海大学出版，神奈川．pp. 177-206.

Plucer-Rosario G (1987) The effect of substratum on the growth of Terpios, an encrusting sponge which kills corals. Coral Reefs. 5:197-200.

Rützler K, Muzik K (1993) *Terpios hoshinota*, a new cyanobacteriosponge threatening Pacific reefs. Scientia Marina. 57：395-403.

鹿谷法一（1999）サンゴガニ類の分子系統解析の試み．海洋と生物．125 (21(6))：pp 495-502.

Suzuki T, Yano K, Senou H, Yoshino T (2002) First Record of a Syngnathid Fish,

Bulbonaricus brauni from Iriomote Island, Ryukyu Islands, Japan. I. O. P. Diving News. 14：2-5.

高宮広土（2018）奄美・沖縄諸島先史学の最前線．南方新社．鹿児島．190pp.

Takeda M, Tamura Y（1979）Coral-inhabiting crabs of the family Hapalocarcinidae from Jpan. I. Three species obtained from mushroom coral, *Fungia*. Bulletin of the National Science Museum, Series A（Zoology）. 5（3）：pp183-194 with 7 plates.

渡久地健・藤田喜久・中井達郎・長谷川均・高橋そよ（2016）礁前面の凹地「カタマ」の漁場としての生物地形学的評価．沖縄地理．16：pp1-18.

Tsuchiya M, Taira A（1999）Population structure of six sympatric species of Trapezia associated with the hermatypic coral *Pocillopora damicornis* with a hypothesis of mechanisms promoting their coexistence. Galaxea. 1：9-17.

上野大輔・藤井琢磨・北野裕子・上野浩子・横山貞夫（2016）奄美大島および加計呂麻島沿岸域から発見されたコモチハナガササンゴ *Goniopora stokesi*（花虫綱イシサンゴ目ハマサンゴ科）．Nature of Kagoshima. 42：477-481.

山野博哉（2008）日本におけるサンゴ礁の分布．沿岸海洋研究．（46）：3-9.

コラム 2　奄美の海でパラモンを探せ！

　大学 2 年生の時、私は奄美大島に降り立った。これが私にとっての、初の奄美群島の体験である。当時琉球大学に通っていた私は、ある研究室が奄美でエビ・カニ調査を計画していることを聞きつけた。そこで、教授の先生に頼み倒し友人と共に連れて来てもらったのである。まだ卒業研究のテーマの見当もつかない頃で、住用のマングローブ干潟で腰まで泥にハマりながらカラフルなシオマネキ類を追いかけたことや、役勝川で沈木の周りを奇妙な色形をした魚たちが遊ぶ様を鮮明に覚えている。ここまでは美しき青春の思い出だが、続きというか葬りたい黒歴史がある。学生特有の不摂生が祟り、よりによって私は出発前日に体調を滅茶滅茶に崩してしまった。滞在中ずっと熱が出て、激しい腹痛と下痢による三重苦であった。干潟で屈むたび肛門括約筋に筆舌に尽くしがたい緊張が、追い打つように下腹部に激痛が走る。ひと時も気を抜けない、孤独な闘いを繰り広げていた。実は、カニ採集どころではなかったのである。お手伝いとしては勿論失格で、連れてきて下さった教授、諸先輩方そして友人も大変呆れていた。ただ飯喰らいで役立たず、寄生虫のようなこの男を。時を経ること 15 年と少々、私は鹿児島大学理学部に籍を置き、研究者の端くれとして毎年奄美群島を訪れるようになった。最初の滞在時の衝撃が強いからか、実は未だに私は奄美大島に行くと身が引き締まる思いがし、他にはない緊張を（特に腹部に）感じるのである。そんな私が現在研究対象として向き合っているのは、なんと寄生虫である。何故あえて？と思われるかもしれない。もしかすると人生初の奄美調査の時、腹痛の思い出とともに寄生虫というキーワードが、私の深層心理に刷り込まれたかもしれない（この腹痛は寄生虫によるものでは無い、念のため）。と、まあ書きたい放題の前置きになってしまったが、本コラムでは

奄美群島における寄生虫研究の魅力について紹介させて頂く。

さて、寄生虫という言葉について少し触れておきたい。例えば広辞苑第七版によれば、「他の生物に寄生し、それから養分を吸収して生活する小動物」とある（新村 2018）。いわゆる虫そのものよりは小動物を指す言葉のようだ。おそらく、虫、と言われるとカブトムシなどの昆虫を想像する人、クモやムカデなどを思い浮かべる人など様々だと思う。では、ミミズは？と言われると、それは違うと答える人が多いのではないだろうか。しかし、人、獣、鳥、魚介以外の小動物を総じて虫とすることもあるようだ（新村 2018）。虫の定義や受けとめ方は様々あるようだが、本コラムで扱う寄生虫とは小動物を指すものとして読み進めていただきたい。

寄生虫とはどこにいるものなのか？　簡単に答えると、その字面が表す様に寄生するべき相手（宿主）がいる場所である。種などによって宿主の体表や体内など細かい生息場所は様々だが、なんらかの動物が生息さえしていれば、そこには寄生虫がいると考えたほうが良い。これは、多くの人がなんとなく理解していることである。例えば、あまり鮮度の良くないサバを生で食べるとアニサキス症に罹りやすいことは、驚くに値しないだろう。サバの体がアニサキス類の住み場所である事を、理解しているからだ。しかし、アニサキス類はあまりにも有名である。その他の魚類寄生虫について知っている人は、寄生虫通であると言って過言ではないと思う。例えば、鮮魚店で生の魚（出来ればエラや内臓がついたまま）を購入したとする。その体表やエラブタを捲って注意深く観察をしてみよう。ルーペや顕微鏡などがあればなお良いが、ともかく注意深く見ていると色々な動物が見えてくるはずだ。大きなものでは、魚の体表や口の中、そしてエラにつく巨大なダンゴムシにも似たウオノエ類（図 C2-1A）、そしてやや目を凝らしてみると全身が吸盤状になったウオジラミ類（図 C2-1B）などが見つかるはずだ。これらは、

コラム2　奄美の海でパラモンを探せ！

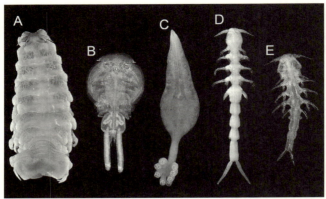

図 C2-1. A-C, 魚類の体表やエラなどから見つかる代表的な寄生虫たち：A, ウオノエ類；B, ウオジラミ類；C, 単生類. D, E, 貝類の口の中から採集されたカイアシ類：D, ギンタカハマノハラムシ；E, タカセガイノハラムシ

いずれもエビやカニなどと同じ甲殻類の仲間で、線虫の仲間であるアニサキス類とはあまり近縁とは言えない。その他にも、魚の体表やエラなどからよく見つかる寄生虫としては、扁形動物である単生類（図 C2-1C）がいる。これらはほんの一部で、内臓に注目すれば更に様々な寄生虫が見えてくる。実際に研究をしていると、1種の魚類によくもここまで多くの寄生虫が付いているものだと感心させられる。

「それは変だ、なら何故アニサキスばかりが有名なんだ」と思う方がいるかもしれない。理由は単純で、これら寄生虫の多くは人間に健康被害を与えたり、または魚を著しく傷めることが無いので誰も見向きしないのである。乱暴な言い方にはなるが、魚類には高確率で何らかの寄生虫が住んでおり、ほとんどはその存在にすら「気付かれることが無く」、時には食べられていると考えられる。もちろん、食べても問題になることはほぼ無く安心して欲しい。この「気付かれることが無く」という部分がミソで、研究者も存在に気

付かない寄生虫が、かなり多いようなのだ。あるものは宿主自体が採集される機会が少なく、そもそも目に触る機会が無い。またあるものは、宿主はさほど珍しく無いものの極めて巧妙に、または意外な部位に取り付いているために発見が困難。その他にも要因はあると思うが、未発見の寄生虫というものは大体この2つのどちらかではないだろうか。ともかく、緊急性が低いものは、なかなか見えてこないのであろう。

　数ある魚の寄生虫のうち、私が特に注力して研究を進めているのは、先に述べたウオジラミ類を含むカイアシ類という小型の甲殻類である。そもそも、奄美群島海域における寄生性カイアシ類の先行研究は少なく（例えば Shiino 1964）、体系的にまとめられたものは未だに無い。私は鹿児島大学に着任してから、奄美群島の各島で魚類寄生虫調査を行ってきた。成果について取り纏め切れていない部分がまだ多いが、非常に多くの未報告の種が得られていることは特筆すべき点として挙げられるだろう。大島海峡から得られた1種については、既に新種として報告している（Tang et al. 2016）。また、魚類のみに留まらず、様々な海産動物に寄生しているところが、カイアシ類というグループの大きな特徴であり、研究を進める上での魅力である。私が本格的に奄美群島での研究を開始してすぐの頃、奄美のサンゴ礁海域に暮らす、サザエ *Turbo sazae* Fukuda に比較的近縁な貝類について寄生虫調査を行った。それらは、サラサバテイ *Tectus niloticus*（Linnaeus）、ギンタカハマ *T. pyramis*（Born）、ベニシリダカ *T. conus*（Gmelin）という貝で、三角形の殻を持ちトップシェルとも呼ばれている。サラサバテイは別名タカセガイと呼ばれ、特に沖縄でよく食べられる貝である。身はやや硬いが味は良く、お酒の肴には最高だ。また、殻は貝ボタンなどに加工される（久保・黒住 1995）。それよりやや小さめのギンタカハマは、どちらかというと奄美よりも少し北の地域で好まれているようで、屋久

島や種子島の居酒屋で楽しめるほか、鹿児島大学近くのスーパーでも時折見かける。また、私が天草に調査で出掛けた際にも民宿でご馳走になった。要するに、これまた美味なのである。それよりもう一回り小型のベニシリダカは、あまり食卓で見かけることは無い。奄美では、前2種よりも少し深いところで多く見かけるように思う。これらは、サザエと同じ古腹足亜綱という分類群に含まれる。サザエには、口の中（咽頭から食道）にサザエノハラムシ *Panaietis yamagutii* Izawa というカイアシ類が住む（例えば Izawa 1976）。大きさは1cm弱だが、基本的に人間には無害のようなのでご安心を。高い確率でいるため、興味がある方は是非口の中を覗いていただきたい。しかし、奄美群島にはサザエそのものは基本的には分布しない。そこで私は、サザエノハラムシに近縁なカイアシ類が、これらの貝から見つからないかと考えた。狙いは大当たりで、3種の貝の口の中にはそれぞれ1種ずつカイアシ類が住んでいることが分かった。2種はそれぞれ新種ギンタカハマノハラムシ *P. doraconis* Uyeno（図 C2-1D）およびベニシリダカノハラムシ *P. satsuma* Uyeno として、残り1種は日本からは初記録のタカセガイノハラムシ *P. incamerata* Stebbing（図 C2-1E）として標準和名を提案し報告した（Uyeno 2016）。

　魚類や貝類以外の様々な動物も、寄生性のカイアシ類の宿主となる。そのため、寄生性カイアシ類相を網羅的に明らかにしようとすると、色々な海産動物の観察を行う事になる。そこにはカイアシ類以外の寄生虫や小型動物も住んでいるわけで、様々な動物を同時に発見することができる。その一部について次に紹介したい。大島海峡の砂泥底には八方サンゴの仲間であるミナミウミサボテン類の1種が生息する。これらは硬い骨格を有するイシサンゴ類とは異なり、明確な硬い骨格は持たない。そのため、体をある程度伸縮させることが出来、昼間は柔らかい海底にニョキニョキと伸びている

が、夜は砂の中に縮んで目立たなくなる性質がある。このミナミウミサボテン類の表面には、カイアシ類の1種に加えてイトカケガイ科貝類の1種やゴカイ類の1種が付着している（上野ら 2016）。また、マンジュウヒトデ *Culcita novaeguineae* Müller & Troschel という直径30cmほどにもなる、お饅頭の形をした大きなヒトデや、これも長さ30cm以上になるジャノメナマコ *Bohadschia argus* Jaeger の消化管の中などからは、カザリカクレウオ *Carapus mourlani*（Petit）とホソシンジュカクレウオ *Onuxodon fowleri*（Smith）という魚類も見つかっている（上野・上野 2017）。これらはヒトデやナマコに食べられたのではなく、それらの体内が住み場所なのである。他の動物に依存して暮らす動物は他にも多数いると予測されるが、奄美群島における研究は多くはなく、今後も研究が進むほどに新しい種が発見されていくだろう。彼らの生態は種ごとに異なり、捕食？寄生？はたまたその他の共生？と、厳密に区別することは意外に困難だ。よって、今これら全てを寄生虫と決めつけることは難しいが、宿主の体の一部を食べるなど明らかな不利益を与え続けているとしたら、それは寄生と呼ぶべきものである。ただし、前述の虫の定義によると魚介は虫ではないようなので、魚や貝を寄生虫と呼んで良いか迷うが。

　生物多様性という言葉を、巷でよく耳にするようになった。ここまで読んでいただければ、海の生物多様性を理解するためには寄生虫は無視出来ない程どこにでも、そして沢山いることが何となくご理解いただけただろうか。これは、奄美群島まるごとの生物の多様性を理解する上でも、そっくり当てはまる課題である。また、今回は海の寄生虫を中心に話を進めさせていただいたが、寄生虫はもちろん陸の淡水域の魚や貝にもおり、奄美群島のような島嶼域では海の寄生虫とは異なる深刻な課題をも抱えている（長澤・新田 2012；長澤ら 2013）。寄生虫という言葉は決して気持ちの良い印

象を与えるものでは無いと思う。私も前置きにおいて、自分自身を軽く揶揄する表現のつもりで使った。しかし広辞苑第七版では、先の内容に加え「他人の力にすがったり、その利益を食い物にしたりして生活する人をののしり、あわれんでいう語」という、かなり悪い印象の人物を指す解説がされていた（新村 2018）。私はそこまで悪い意味を込めたつもりは無かったが、これが世間の認識のようだ。しかし、これはあくまでも応用の用法であり、元来の寄生虫を指すものでは無い。そこで、一つ強調しておきたい。全ての寄生虫が必ずしも人間に危害を与えるものでは無いということは、是非知っておいていただきたい。むしろ、そういうものは少数派である。それを理解した上で彼らの形や取り付き方など観察していると、精練された合理的なものであることが分かるはずだ。私はすっかりこの機能美の塊に魅了され、奄美の海の多様性のポテンシャルを寄生虫に求め続けている。寄生虫探しは楽しい！　ただ、寄生虫という言葉の印象を大きく変えることは難しそうなので、最近行うようになった市民講座での寄生虫教室などでは、パラサイトモンスター（略してパラモン）という言葉を使っている。もっと多くの方に、恐れずにパラモンに興味を持っていただきたいと切に願っている。

（上野大輔）

参考／引用文献

Izawa K（1976）Two new parasitic copepods（Cyclopoida: Myicolidae）from Japanese gastropod molluscs. Publications of the Seto Marine Biological Laboratory. 23, 213-227.

久保弘文・黒住耐二（1995）生態／検索図鑑　沖縄の海の貝・陸の貝．沖縄出版, 浦添. 263 pp.

長澤和也・新田理人（2012）広島県産淡水・汽水魚類の寄生虫目

録（1925-2012 年）．広島大学総合博物館研究報．4, 53-71.

長澤和也・新田理人・上野大輔・片平浩孝（2013）日本産島嶼陸水魚類の寄生虫相研究—現状と課題．日本生物地理学会会報．68, 41-50.

Shiino SM（1964）Results of Amami Expedition 6. Parasitic Copepoda. Report of Faculty of Fisheries, Prefectural University of Mie. 5, 243-255.

新村 出（編）（2018）広辞苑　第七版．岩波書店，東京．3188 pp.

Tang D, Uyeno D, Nagasawa K（2016）A review of the *Taeniacanthus balistae* species group（Crustacea：Copepoda：Taeniacanthidae）, with descriptions of two new species. Zootaxa. 4174, 212-236.

Uyeno D（2016）Copepods（Cyclopoida）associated with top shells（Vestigastropoda：Trochoidea：Tegulidae）from coastal waters in southern Japan, with descriptions of three new species. Zootaxa. 4200, 109-130.

上野浩子・自見直人・上野大輔（2016）大島海峡に生息するミナミウミサボテン属の1種 *Cavernulina* sp.（八放サンゴ亜綱ウミエラ目ウミサボテン科）から発見された動物．Nature of Kagoshima. 42, 487-491.

上野浩子・上野大輔（2017）薩南諸島沿岸から採集されたカクレウオ科魚類（条鰭綱アシロ目）2種．Nature of Kagoshima. 43, 57-62.

第3章
藻場で暮らす生き物たち

　奄美群島の島々では、美しいサンゴ礁リーフが海岸線に沿って各地で見られる。サンゴ礁リーフでは様々な生き物が見られるが、造礁サンゴや色鮮やかな熱帯魚だけではない。サンゴ礁リーフでは、島を縁取るように発達した外礁（礁嶺と礁縁の部分）の内側が、礁池や礁原と呼ばれる水深の浅い海となっており、造礁サンゴやソフトコーラル、海藻、海草類などの様々な固着性生物の群生地となっている。また、それらの固着性生物の生物群集を生息場所として、沿岸性の魚類やベントスも多く見られることから、サンゴ礁リーフは生き物の数や種類が多い。また、サンゴ礁リーフ以外の場所でも、内湾の静穏域や河口域には、砂泥底の干潟が形成されており、マングローブや海草の群落が見られる。本章では、奄美群島で見られるサンゴ礁リーフ内外の生態系の中で、海藻や海草類の高密度群落である藻場を中心に、沿岸生態系での位置づけや様々な生物の分布上の特性、生態系のバランスを脅かす諸問題について紹介する。

1．海藻と海草

　海藻や海草は、どちらも海の中に生育する固着性の光合成生物だが、分類学的には全く異なる生き物である。この2種類の生き物は、海産の固着性大型藻類を「海藻」、海中に生育する顕花植物（維管束植物、被子植物）を「海草」と呼んでいる（新崎・新崎1978）。海藻はさらに、系統的にまとまる生物群や葉緑体の光合成色素の組成に基づいて、主に緑藻（アオサ藻、緑藻植物門）や褐藻（不等毛植物門）、紅藻（紅藻植物門）などに分けられる（井上2007）。ただし、海藻は「海に見られる肉眼的な固着性藻類である緑

藻、褐藻、紅藻を便宜的にまとめた」だけであり、それぞれのグループは異なる起源を持ち、系統的に異なる生き物である。特に、緑藻と紅藻類は、藻類の進化の初期の過程においてラン藻（シアノバクテリア）を共生させ、葉緑体を細胞内小器官として最初に獲得した真核生物（一次共生、アーケプラスチダ）である。一方、褐藻は、紅藻類の起源的生物を共生させて葉緑体を獲得した生物（二次共生、ストラメノパイル）であり、光合成生物の進化の自然史の中で、異なる系譜をたどってきたと言われている（井上 2007、2012）。

一方、海草は、陸上植物（維管束植物やコケ植物）と同様に、維管束植物の中の被子植物（被子植物門）に位置する。特に、海草は全て単子葉植物に属し、花を咲かせて種子をつくる（Larkum et al. 2006；大場・宮田 1007）。陸上植物は一般に、緑色の色素を持つ藻類を起源とすると考えられており、陸上での生育に適応して現在のように進化したと考えられている。その一方で、海草は、陸上で進化した単子葉植物の一部が海中の環境に適応し、生育場所を海に移した種類と言われている（田中 2012）。

このような進化の歴史の違いにも関連するが、海藻と海草では種数が顕著に異なる。地球上に生育する海藻類の種数は正確に把握されていないが、緑藻、褐藻、紅藻を合わせて約1万種と言われており、日本には約1,500種が知られている（吉田ら 2015）。一方、海草の種数は少なく、世界で約60種、日本では24種（種の解釈によっては28種）が知られているのみである（Aioi & Nakaoka 2003；大場・宮田 2007；Uchimura et al. 2008；河野ら 2012）。しかし、海草は種数こそ少ないものの、世界中の沿岸域で広大な群落を形成し、沿岸生態系における役割は大きい。特に、海藻も海草も、光をあびて酸素を生み出す光合成生物である。一般に、外洋域における主要な基礎生産者は植物プランクトン（微細藻類）だが、沿岸域では海藻や海草も主要な基礎生産者である。さらに、海藻や海草の高密度で大規模な群落は「藻場」とも呼ばれており、「海の中の森」や「海の中の草原」となる（新崎・新崎 1978；横濱 1985；新井 2002；寺田 2011）。このような藻場は、沿岸生態系における主要な基礎生産の場として機能していると共に、魚介類の生息場や隠れ家、餌場、産卵場となっている。このようなことから、種多様

性の高さや低さにかかわらず、海藻も海草も沿岸生態系に欠かせない生き物と捉えることが出来る。

２．藻場

海藻や海草は、波打ち際付近の浅所（飛沫帯、潮間帯）から水深数十メートルの漸深帯（潮下帯）まで広く見られるが、両者の生育する場所は主に底質で異なる（新崎・新崎 1978；横濱 1985）。一般に、海藻の付着器（仮根）には、維管束植物のような水分や養分を吸収する機能がなく、底質に固着するためだけにあることから、海藻は岩などの固い底質上に繁茂する。一方、海草は砂泥底に地下茎と根を伸長させて生育する。もちろん、緑藻のサボテングサ類（サボテングサ科）などのように、砂地に生育する海藻などの例外も多く知られている（吉田 1998）。

九州以北では、海草の藻場が内湾などの静穏域の砂泥底で見られるのに対し、海藻の藻場は岩礁域に広く見られることから、両者が混生または近接して見られる場所は多くない。また、それぞれの藻場は、沿岸域で個々に独立した藻場生態系を形成する。奄美群島においても、海藻と海草が繁茂する底質は岩礁と砂泥底と同様に異なるが、サンゴ礁リーフ内の礁池では砂泥底とサンゴ性の岩礁（岩塊や岩盤、礫場など）の両方が混在することから、海藻と海草の両方の藻場が混生または近接して見られる。もちろん、奄美群島においても、内湾の静穏域などではホンダワラ類が藻場を形成し、独自の藻場生態系を形成することもある。一方、前述したように、サンゴ礁リーフ内では海藻や海草の藻場が相互に混生、近接し、造礁サンゴ群集とも近接して存在する。従って、それぞれの生物群集は広い意味でのサンゴ礁生態系の一部として存在することが多い。

３．奄美群島に見られる藻場の種類

一般に、海藻類の藻場は、優占する種類によっていくつかに分けられている（寺田 2011；田中 2012）。本州中南部から九州にかけての温帯域では、褐

藻のアラメやカジメ類（コンブ目コンブ科）の群落をアラメ場（または海中林、カジメ場）、ホンダワラ類（褐藻ヒバマタ目ホンダワラ科）の群落をガラモ場と呼んでいる。また、亜寒帯域の北海道や、親潮（寒流）の影響を受ける東北地方の太平洋沿岸では、亜寒帯性のコンブ類（コンブ目コンブ科）が卓越し、コンブ藻場を形成している。このような種類の藻場が、日本本土の代表的な藻場の景観である。

　しかし、コンブ目海藻の分布南限は九州であり、琉球列島にはワカメ *Undaria pinnatifida* (Harvey) Suringar（コンブ目チガイソ科）も含めて全く分布しておらず、ホンダワラ類も熱帯・亜熱帯性種が主体となっている（大葉 2011；寺田 2016；Terada & Watanabe 2016）。従って、奄美群島を含む琉球列島では、日本本土の藻場に典型的なアラメ場やコンブ藻場などの藻場が見られず、熱帯・亜熱帯性ホンダワラ類のガラモ場が唯一の海藻藻場となる。実際、奄美大島の大島海峡内の内湾などでは、マジリモク *Sargassum carpophyllum* J. Agardh（ヒバマタ目ホンダワラ科）などの大規模なガラモ場が静穏域に見られる（図 4-3-1a）。しかし、このような大形のガラモ場は、琉球列島ではむしろ珍しく、多種多様な小形海藻が混生するお花畑のような小規模群落の方が一般的である。実際、サンゴ礁リーフの礁池などではアツバモク *Sargassum aquifolium* (Turner) C. Agardh やタマキレバモク *Sargassum polyporum* Montagne、コバモク *Sargassum polycystum* C. Agardh、ラッパモク *Turbinaria ornata* (Turner) J. Agardh、ヤバネモク *Hormophysa cuneiformis* (Gmelin) Silva などの小形のホンダワラ類が繁茂しているが、樹冠を形成するには至っていない（図 4-3-1b）。これらの藻場では、小形の紅藻や緑藻が混生する低密度な群落となっていると共に、造礁サンゴや海草類と混生・近接して存在する。現在の日本の藻場の定義は、日本本土の植生のみを基にしていることから、この定義を琉球列島の植生にそのまま当てはめることは難しい。おそらく、琉球列島の植生に基づいた藻場の定義を将来的に新たに行う必要があるかもしれない。また、奄美群島のガラモ場は熱帯・亜熱帯性種が主体だが、各種の分布では北限に位置する場合が多い。特に、コバモク、ラッパモク、ヤバネモクなどは熱帯から亜熱帯域に広く見られるが、奄美群島が分布の北限となっている。

図4-3-1. 奄美群島で見られる代表的な藻場．a；マジリモク（褐藻ホンダワラ科）のガラモ場，b；チュラシマモク（褐藻ホンダワラ科）のガラモ場，c；アマモ場（海草），優占しているのはリュウキュウスガモ（トチカガミ科），d；リュウキュウアマモ（ベニアマモ科）

　海草類の藻場は一般にアマモ場と呼ばれるが、藻場として優占する種類は日本本土と琉球列島で異なる（Aioi & Nakaoka 2003；大場・宮田 2007；河野ほか 2012）。一般に、北海道から九州の沿岸では温帯から亜寒帯域に広範囲に生育するアマモ *Zostera marina* Linnaeus やコアマモ *Zostera japonica* Ascherson et Graebner（アマモ科）が広く見られ、それぞれが単一種による純群落を形成する。一方、琉球列島ではリュウキュウスガモ *Thalassia hemprichii*（Ehrenberg）Ascherson（図4-3-1c；トチカガミ科）やベニアマモ *Cymodocea rotundata* Ehrenberg et Hemprich、リュウキュウアマモ *Cymodocea serrulata*（Brown）Ascherson et Magnus（図4-3-1d；ベニアマモ科）などの熱帯・亜熱帯性の種類が多く見られる。熱帯域では単一種の純群落がほとんど見られず、複数の種類が混生群落を形成する傾向にある。一般的には、リュウキュウスガモ、リュウキュウアマモ、ベニアマモなどの大形の海草が樹冠

を構成し、ウミジグサ *Halodule uninervis*（Forsskål）Ascherson（ベニアマモ科）などの小形の種類が下草や周辺部に生育する。また、小形のウミヒルモ類（トチカガミ科）も下草や周辺部に生育する。

4. 奄美群島に見られる代表的な海藻類

　奄美群島の海藻類の種多様性は十分に解明されていないが、約 350 種の海藻が報告されている（新村 1990）。日本全体では約 1,500 種の海藻が知られていることから、日本産海藻類の約 20％が奄美群島で見られることになる（吉田ほか 2015）。

　海藻類は、体長数ミリメートル程度から数十メートルに達する種類まで、大きさが種類や分類群によって多様である。日本全体で見ると、体長 10 メートル以上になるコンブ類やホンダワラ類が知られているが、海外では褐藻ジャイアントケルプ *Macrocystis pyrifera*（Linnaeus）C. Agardh（コンブ目コンブ科）のように、体長 50 メートル以上になる種類も知られている。一方、奄美群島を含む琉球列島では、ホンダワラ類の一部（例：マジリモクなど）を除き、ほとんどが体長 30 センチメートル未満の小形や中形の種類である。このことも、琉球列島の藻場が、小形の海藻を主体とした植生の一因となっている（大葉 2011；寺田 2015, 2016；Terada & Watanabe 2016）。

　一般に、日本の海藻類では種多様性とバイオマスに緯度的な勾配が見られ、種数は低緯度ほど多くなる傾向にある一方で、全体のバイオマスは高緯度ほど高くなる（田中 2012）。日本本土の海藻藻場は全て褐藻が卓越する群落だが、琉球列島の藻場は緑藻、褐藻、紅藻類が色鮮やかに混生する群落となっており、特に緑藻の種類が目立つ。緑藻が目立つ理由としては、緑藻、褐藻、紅藻の種構成の割合も関係している。一般に、海藻の種数は紅藻が約半分を占めるが、緑藻と褐藻の割合は高緯度地域ほど褐藻の割合が高くなり、熱帯・亜熱帯域では緑藻の割合が高くなる傾向にある（CP 値：瀬川 1956；田中 2000）。また、琉球列島には、比較的に大形種の多い褐藻コンブ目海藻が分布しないことも、小形の種類中心の植生に大きく関係している。

　褐藻ホンダワラ類では、サンゴ礁リーフ内の礁池にアツバモクやキレバモ

ク *Sargassum alternato-pinnatum* Yamada、タマキレバモク、チュラシマモク *Sargassum ryukyuense* Shimabukuro et Yoshida、ヤバネモク、ラッパモクなどの亜熱帯性種が見られる（図4-3-1b）。これらの種類は、場所によってサンゴ性の岩塊や岩盤上に密生することもあるが、高さは通常30センチメートル前後までと小形であり、群落はパッチ状に平面的に広がる。一方、内湾の静穏域では、暖温帯から亜熱帯に見られるマジリモクなどが生育する。本種は2メートル以上になることもあり、日本本土のガラモ場に似た立体的な群落となる（図4-3-1a）。なお、マジリモクなどの藻場は、漁港内の静穏域にも形成される。

　海藻類は形態も非常に多様だが、維管束植物では決して見られないような特異な形態を持つものもある。緑藻では、大形で単細胞性の種類が存在するが、このような種には、カサノリ *Acetabularia ryukyuensis* Okamura et Yamada（カサノリ目カサノリ科）やオオバロニア *Valonia ventricosa* J. Agardh（シオグサ目バロニア科）、イワズタ類（ハネモ目イワズタ科）、ミル類（ハネモ目ミル科）などがあげられる（図4-3-2）。カサノリは体長5センチメートル前後の小形の緑藻で、傘状の部分から柄、付着部分に至るまで一つの細胞であり、核は一つだけ付着部分付近にある（図4-3-2a）。本種は冬から春にかけて見られるが、成熟すると傘状の部分を形成し、配偶子を放出する。カサノリは接ぎ木の実験等で高校の生物の教科書にも掲載されているが、実物を見たことのある高校生は少ない。事実、本種は奄美大島以南の琉球列島にのみしかないことから、日本本土の高校生が海で実物を見ることはない。本種はサンゴ礁リーフ内の礁池の浅いところに生育するが、このような場所は土砂の流入などで陸域の環境悪化の影響を受けやすく、環境省の指定する準絶滅危惧種になっている。

　オオバロニアは直径4センチメートル前後にもなる球形をしているが、一つの細胞からなる単細胞生物である（図4-3-2b）。しかも、本種の場合、細胞内に核が多数散在しており、多核単細胞生物である点がカサノリと異なる。緑藻イチイズタ *Caulerpa taxifolia* (Vahl) C. Agardh などのイワズタ類は仮根、匍匐枝、直立枝からなる複雑な形態をしているが、これらの種類も多核単細胞緑藻である（図4-3-2c）。事実、細胞質はすべて繋がっており、原

第3章　藻場で暮らす生き物たち

図 4-3-2. 奄美群島に見られる緑藻類，a；カサノリ（カサノリ科），奄美大島が分布の北限として知られる，b；オオバロニア（バロニア科），c；イチイヅタ（イワヅタ科），地中海では突然変異体が移入種として問題になっているが，奄美群島には在来種が自然分布する，d；ナガミル（ミル科）

形質流動を行う。特に、藻体を暗所に静置すると、葉緑体が直立枝の末端から匍匐枝や直立枝の基部に原形質流動し、末端は透けて見える。ミル科のナガミル *Codium cylindricum* Holmes に至っては、藻体が体長10メートル近くにも達するが、体組織は混紡状の小嚢がすべて繋がった構造となっており、単一の細胞から形成されている（図4-3-2d）。解釈によっては、ナガミルの細胞は、地球上の生物で最も巨大な細胞と捉えることができる。この他にも、サボテングサ類やフデノホ *Neomeris annulata* Dickie など、炭酸カルシウム（石灰質）を細胞壁に沈着される種類も多く知られており、サンゴ礁生態系において、造礁サンゴと同様に炭素の固定に貢献している。

　礁池には食用として利用される海藻も多数生育しており、冬から春にかけて繁茂期となる。旧暦の3月の大潮に行われる浜下り（ハマウリ）では、地域住民が浜辺に集い、海で魚介類や海藻を採取する。海藻では緑藻のヒトエグサ *Monostroma nitidum* Wittrock（図4-3-3a；アーサー、ヒビミドロ目ヒト

第4部　海中で暮らす生き物たち

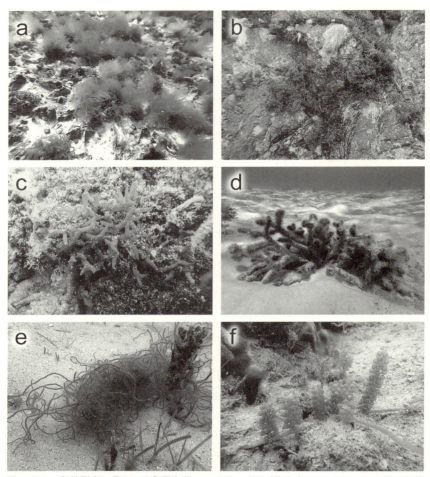

図 4-3-3. 奄美群島に見られる食用海藻．a；ヒトエグサ（地方名：アーサー，アオサ；緑藻ヒトエグサ科），潮間帯の岩上に見られ，吸い物や天ぷらとして利用される．b；ハナフノリ（地方名：フノイやカシキャ；紅藻フノリ科），潮間帯の岩上に見られ，食用や大島紬の糊剤として利用される．c；ユミガタオゴノリ（地方名：スーナー，シルナ；紅藻オゴノリ科），サンゴ礁リーフの礁池に見られ，酢味噌和えなどで食べられている．d；マクリ（別名：海人草；紅藻フジマツモ科），サンゴ礁リーフの礁池に見られ，虫下しの生薬として利用されている．e；オキナワモズク（地方名：スヌイ；褐藻ナガマツモ科），サンゴ礁リーフのアマモ場で見られ，食用に養殖もされている．f；クビレズタ（別名：海ぶどう；緑藻イワズタ科），サンゴ礁リーフ内外の礁池や砂泥底に見られるが，陸上タンクで養殖もされている

エグサ科）や紅藻のフノリ類（図4-3-3b；スギノリ目フノリ科）、オゴノリ類（図4-3-3c；オゴノリ目オゴノリ科）などを採取したり、身を清めて健康を祈願したりする。このうち、ヒトエグサやフノリ類は海浜に近い潮間帯上部の岩上に見られ、ユミガタオゴノリ Gracilaria arcuata Zanardini（図4-3-3c）などのオゴノリ類は潮間帯下部や漸深帯上部の小石やサンゴ片上に見られる。また、漸深帯上部には紅藻のマクリ Digenea simplex (Wulfen) C. Agardh（図4-3-3d；イギス目フジマツモ科）も見られる。本種は麻痺性貝毒でもあるアミノ酸のカイニン酸を含有し、古くから天然の生薬（駆虫薬）として利用されている。

　その他の食用海藻としては、褐藻のオキナワモズク Cladosiphon okamuranus Tokida（シオミドロ目ナガマツモ科）がアマモ場周辺の礫や岩塊上に見られる（図4-3-3e）。本種は1970年代に奄美大島で養殖技術が確立し、琉球列島を代表する養殖海藻へと発展した。特に、本種はアマモ場周辺によく見られることから、オキナワモズク養殖の採苗や育苗はアマモ場周辺で行われることが多い。本種がアマモ場に多い理由は十分に解明されていないが、陸域からの栄養塩に富んだ間隙水がサンゴ礁リーフの海底の土中を経て、アマモ場周辺で湧出することが多いからだと考えられている。実際、アマモ場ができる要因の一つとしても、栄養塩の供給が関係していると考えられている。サンゴ礁の礁池では他に、緑藻イワズタ科のクビレズタ Caulerpa lentillifera J. Agardh も砂泥底や岩塊上に見られる（図4-3-3f）。本種は海藻サラダとして近年急速に普及しているが、養殖技術は1990年代に確立し、最近では海岸付近の陸上水槽で養殖されている。

5．アマモ場に見られる代表的な海草類

　琉球列島には（種の解釈で若干異なるが）14種の海草類が知られている（大場・宮田2007；Uchimura et al. 2008）。このうち、奄美群島では12種類が見られることから、種構成は概ね同様である（河野ほか2012）。沖縄島以南の琉球列島では、リュウキュウスガモ、リュウキュウアマモ、ベニアマモ、ウミショウブ Enhalus acoroides (Linnaeus) Royle（トチカガミ科）が大

形の海草としてアマモ場の樹冠を形成するが、ウミショウブの北限は八重山諸島の石垣島であり、それより北の地域では前者3種が代表的な優占種となる。これらのアマモ場では、ウミジグサ類やウミヒルモ類、ボウバアマモ *Syringodium isoetifolium* (Ascherson) Dandy（別名シオニラ、ベニアマモ科）が下草や藻場周辺部に生育し、全体として混生群落を形成している。ウミヒルモ類は一般に浅所に見られるが、トゲウミヒルモ *Halophila decipiens* Ostenfeld は場所によって水深5メートル以深のシルト上に見られることもある。

　奄美群島では、リュウキュウスガモやリュウキュウアマモ、ベニアマモが沖縄島等と同様に見られるが（図4-3-1c）、与論島以北の島々では徐々に少なくなる。特に、分布北限の奄美大島になると、これら3種の群落は局所的な分布や点生、疎生となる。一方、ウミジグサ類（図4-3-4a）やウミヒルモ *Halophila ovalis* (Brown) Hooker（図4-3-4b）、ボウバアマモは、沖縄島以南と同様に、下草として混生する。しかし、大形の3種を欠いた藻場では、本

図4-3-4．奄美群島のアマモ場に見られる海草類，サンゴ礁リーフの礁池や内湾の砂泥底に見られる，a；ウミジグサ（ベニアマモ科），b；ウミヒルモ（トチカガミ科），奄美大島が分布の北限として知られる，c；オオウミヒルモ（トチカガミ科），d；コアマモ（アマモ科）

来下草だったこれらの種類が優占し、奄美大島ではウミジグサ類やウミヒルモ類主体の藻場となることが多い。熱帯、亜熱帯性海草の多くは奄美大島を分布の北限としており、日本本土にも見られるのはオオウミヒルモ *Halophila major* (Zollinger) Miquel（図4-3-4c）とヤマトウミヒルモ *Halophila nipponica* Kuo（ホソウミヒルモ）、コアマモ（図4-3-4d）のみである。なお、琉球列島でのコアマモの分布は奄美大島など数カ所に限られており、熱帯性の別種ナンカイコアマモとする意見もあることから、再検討が必要である。

6．海藻類の分布と生育環境の多様性

　海藻群落の成立には、潮の干満による乾燥時間の長短や水深、波浪の強弱、光量等の物理的な環境要因に強く影響を受けており、これらの要因の勾配等によって潮位や水深に沿って帯状に分布することが知られている。また、同じ水深帯でも底質によって繁茂する種が異なり、岩盤や礫、砂泥底などの底質の分布に沿ってパッチ状にすみ分けたりする。琉球列島のサンゴ礁リーフでは、外礁の外側の礁斜面で水深の勾配が顕著であり、礁斜面の漸深帯（干潮時の海面より深い場所）では、光の要求性や低光量耐性に応じた海藻類の垂直分布が見られる。例えば、紅藻のソゾノハナ *Laurencia brongniartii* J. Agardh（イギス目フジマツモ科）は礁斜面の岩陰など、直射光のあたらない場所に多く見られる（図4-3-5a；Nishihara et al. 2004）。また、水深35mの海底から採取された紅藻のミリン *Solieria pacifica* (Yamada) Yoshida（図4-3-5b；スギノリ目ミリン科）は低光量に適応しており、わずかな光で光飽和に達し、漸深帯の深い場所や岩陰でも十分な光合成が出来ることが知られている（Borlongan et al. 2017）。

　一方、サンゴ礁リーフの礁池は、水深の垂直差よりも、海岸から礁縁方向の水平方向への広がりの方が顕著である。このような場合、礁池内の浅瀬から縁溝（礁池から外洋に続く岩盤の割れ目や渓谷）の間での垂直分布が見られるが、砂泥底や岩盤、サンゴ性の礫、造礁サンゴ群集等の底質の違いによる水平方向のすみ分けの方が顕著に見られる。

　波浪は海藻類の種多様性に影響を及ぼす要因の一つであり、強い波にさら

される礁縁部分には大形の海藻類があまり見られない。実際、最近の報告では、波浪の強い場所ほど、種多様性が一般に低下することが知られている（Nishihara & Terada 2010, 2011）。ただし例外もあり、ラッパモク（図4-3-5c、ホンダワラ科）やテングサ類などの硬い質感のグループ（Turf algae）は、波浪の厳しい環境ほど種数が増加する場合もあり、波浪に対する耐性は種類によって多様である。確かに、礁縁部分には、背丈の低いラッパモクやヒメテングサ *Gelidiophycus freshwateri* Boo et al.（テングサ科）などの小形海藻が場所によって繁茂しており、ニッチを確立している。

　近年、奄美群島ではホンダワラ類の群落が各地で衰退しており、藻場やサンゴ礁生態系への影響が懸念されている。この要因としては、アイゴ等の魚の過剰な食圧が指摘されており、海藻群落の消失は深刻な問題となっている。過剰な採食圧があった場所では、マジリモクやアツバモクなどのホンダワラ類の藻体が基部を残して失われており、その後の再生も見られずに藻場

図4-3-5. 漸深帯やサンゴ礁リーフの礁縁に見られる海藻類．a；ソゾノハナ（紅藻フジマツモ科）、サンゴ礁リーフ内外の漸深帯の岩陰に見られる，b；ミリン（紅藻ミリン科）、日本本土では水深数メートルの岩上に見られるが、南西諸島では水深30m前後の岩上にも生育する，c；ラッパモク（褐藻ホンダワラ科）、サンゴ礁リーフの礁縁付近や波当たりの強い岩上に生育する

が消失する。実験的に設置した編みカゴで群落を囲った場所では、藻体が普通に成長しているが、カゴの外側では食圧で消失していることから、採食圧の変化によって藻場が衰退していることが示唆される。しかし、海藻を食べる魚の生態や資源動向については十分に把握されておらず、藻場消失の要因と今後の変化を注視する必要がある。

7．藻場内外で見られる動物たち；特に甲殻類を中心として

　海藻表面には海藻の分泌物（多糖類）や微細藻類が付着し、それを餌とする小型甲殻類や小型腹足類が生活している。さらに小型のフジツボ類や二枚貝類など固着・付着動物も生活しており、これらは葉上動物と呼ばれている（Mukai 1971; 月舘・高森 1978）。葉上動物の一部は魚類にとって格好の餌であり、藻場の食物網の重要な構成種となっている（菊池 1973）。また、群生する大型藻類は基質上の動植物を波浪から護り、複雑な形状を持つ藻体の隙間や藻体間は海水の流れや捕食者からの隠れ場所になる。そのため、基質上には小型藻類やウニ類、大型の腹足類も生息し（山本ほか 1999）、幼体の保育場や産卵場所として藻場を利用している。

　ところで、藻場を形成する海藻の種類によって葉上動物相は異なるのであろうか。全国一斉に行われた藻場の葉上動物調査の結果、海域毎、藻場の構成種毎に葉上動物の組成の異なることが明らかにされた（青木 2008）。同様に、鹿児島県南さつま市笠沙町で行われたホンダワラ類の形状に注目した研究では（川野 2009）、ヤツマタモク *Sargassum patens* C. Agardh 上には 24 分類群、ヒイラギモク *Sargassum ilicifolium*（Turner）C. Agardh 上には 28 分類群の動物が出現した（表 4-3-1）。この結果を分類群別の個体数でみると、ヒイラギモクではヨコエビ類が優占し、二枚貝類、腹足類、カイアシ類が季節によりそれに続くという結果になった。ヤツマタモクの葉上動物相では一概に何が優占しているとは言えず、ワレカラ類、ヒラムシ類、カイアシ類などの個体数が、季節によって突発的に増加することが明らかにされた。また、ヒイラギモクにしか出現しない種や分類群は 5 グループ、ヤツマタモクに関しては 9 グループであり、特にワレカラ類・ヨコエビ類は種数、個体数共に

第4部　海中で暮らす生き物たち

表 4-3-1. 葉状動物相のホンダワラ種間での比較

扁形動物門	渦虫綱			
環形動物門	多毛綱			
軟体動物門	腹足綱	新腹足目		
		新後鰓目		
	二枚貝綱			
節足動物門				
	鰓脚綱	ソコミジンコ目		
	軟甲綱	アミ目		
		端脚目	ワレカラ亜目	ワレカラ科
			ヨコエビ亜目	エンマヨコエビ科
				アゴナガヨコエビ科
				メリタヨコエビ科
				ヒゲナガヨコエビ科
				モズクヨコエビ科
				ミノガサヨコエビ科
				クチバシソコエビ科
				テングヨコエビ科
				カマキリヨコエビ科
		等脚目		コツブムシ科
		タナイス目		
		クーマ目		
		十脚目		モエビ科
棘皮動物門		ホンウニ目		サンショウウニ科
毛顎動物門	現生矢虫綱	単膜筋目		イソヤムシ科

第3章　藻場で暮らす生き物たち

	ヤツマタモク			ヒイラギモク		
	2006年	2007年	2008年	2006年	2007年	2008年
渦虫綱 spp.	○	○	○	○		○
多毛綱 spp.	○	○	○	○	○	○
フトコロガイ						○
腹足類 spp.	○	○	○	○	○	○
アメフラシ上科 spp.	○	○		○	○	
二枚貝綱 spp.	○	○	○	○	○	○
甲殻亜門 spp.			○			
ソコミジンコ目 spp.		○	○		○	○
アミ目 sp.		○			○	○
テナガワレカラ					○	
オカダワレカラ	○	○	○			
セムシワレカラ		○				
マルエラワレカラ	○			○		○
クビナガワレカラ					○	
オオワレカラ			○			
ツガルワレカラ		○				
トゲホホヨコエビ	○	○	○	○	○	○
アゴナガヨコエビ	○	○	○	○	○	○
カギメリタヨコエビ	○	○	○	○	○	
トウヨウヒゲナガ		○			○	
フサゲモズク			○			
ゴクゾウヨコエビ			○		○	○
クチバシソコエビ		○				
テングヨコエビ				○		
ホソヨコエビ			○			○
ヨコエビ亜目 spp.	○			○	○	
コツブムシ科 sp.						○
等脚目 spp.		○	○			
タナイス目 spp.					○	○
クーマ目 sp.					○	
コシマガリモエビ						○
コシダカウニ					○	○
イソヤムシ			○			○

多く出現していても、一方の藻類にしか出現しない種があることもわかった。その理由を明らかにするため、ワレカラ類と藻類2種の水槽内観察を行ったところ、ワレカラ類は総じて海藻の先の部分や葉状部の淵など開けた場所を好み、胸脚でしっかりと基質を掴んでいる事が分かった。ところが、海藻の形状を見ると、ヤツマタモクは細くしなやかであり、水中でもかなり波浪に揺られる一方、ヒイラギモクは茎状部がしっかりしており、葉状部も幅広く茎状部に向かって反り返るような形状になっていた。これら形状の違いが葉上動物にとっての基質としての性質の違いとなり、彼らの出現の有無の要因となったと考えられる。

表4-3-1は同時に、藻場に生息する動物の中で節足動物が大きな位置を占めていることを示している。そこで以下では、藻場内外に生息する甲殻類について解説した。

日本本土のガラモ場における葉上動物の代表はワレカラ類で（図4-3-6a）、彼らは繁殖期になると親の体のいたるところに孵化した直後の子供を付着させ（図4-3-6b）、いわゆる子守りをすることが知られている（青木2003；Aoki & Kikuchi 1991）。また、アマモ場の葉上や海藻、海草の根元近くの基質で生活するフサゲモクズ Hyale barbicornis Hiwatari et Kajihara やフタアシモクズ Parallorchestes ochotensis（Brandt）などのモクズヨコエビ科が次に良く知られている（図4-3-6c；Arimoto 1976；Hirayama 1984；1985；1988；平山 1995）。これらワレカラ類やヨコエビ類はオオワレカラ Caprella kroyeri De Haan やフタアシモクズのように体長40-50mmに達する大型の種も希にはいるが、多くは体長15mm以下の小型種で、前述したように魚類の餌料として重要な位置を占めている。藻場（葉上）に出現する甲殻十脚類はコシマガリモエビ Heptacarpus geniculatus（Stimpson）（体長30-45mm）、ツノモエビ Heptacarpus pandaloides（Stimpson）、アシナガモエビ Heptacarpus rectirostris（Stimpson）、ホソモエビ Latreutes acicularis Ortmann（体長18-25mm）、ヘラモエビ Latreutes laminirostris Ortmann、ヒラツノモエビ Latreutes planirostris（De Haan）などのモエビ類が主で、その和名の由来となっている（林 1995）。一方、クモガニ科のヨツハモガニ Pugettia quadridens（De Haan）などはホンダワラ類の樹間で生活し、ツノダシコノハガニ Trigonothir rostratus（Borradaile）

第3章 藻場で暮らす生き物たち

図4-3-6. 藻場に暮らす甲殻類（提供：松岡翠氏），a；藻場の葉上で生活するワレカラ類，b；全身に稚ワレカラを付着させ子守をするワレカラ類の親，c；葉上生活者のヨコエビ類，d；紅藻類の樹幹で生活するツノダシコノハガニ，e；紅藻類を額角に付けてカモフラージュするツノダシコノハガニ，f；藻場に時折来遊するタイワンガザミ

は下生えの中で生活しており（図4-3-6d）、両種共甲背面や胸脚に海藻の断片をつけるカモフラージュ行動、デコレーション行動をする（図4-3-6e）。また、瀬戸内海のアマモ場ではクルマエビ類が多数生息し、主要な漁場の1つともなっている。

　南西諸島並びに奄美群島の藻場（ガラモ場、アマモ場）における甲殻類相の組織だった調査研究はあまり行われていない。しかし、沿岸域の生物調査の中で幾つかの成果が得られている。すなわち、九州以南の藻場（おそらく潮間帯から潮下帯の砂泥底に生息するアマモ場やサンゴ礁池内のアマモ場とガラ藻場の混成地）では、カマキリヨコエビ Jassa slatteryi Conlan、ホソヨコエビ Ericthonius pugnax（Dana）、トゲホホヨコエビ Paradexamine barnardi Sheard、及びアゴナガヨコエビ Pontogeneia rostrata Gurjanova が根元の基質に巣を作ったり、せん孔して生息している（Arimoto 1976；Hirayama 1984；1985；1988；平山 1995）。また、大型の甲殻十脚類としては、カクレクルマエビ Heteropenaeus longimanus de Man（クルマエビ科、体長50㎜）がウミショウブやガラモ場の茂みの中で生活している（海中公園センター 1988）。そして、ナガレモエビ Hippolyte ventricosa H. Milne Edwards（モエビ科、体長10㎜）はアマモ場やガラモ場の群落内に生息し、コブタヒラツノモエビ Latreutes porcinus Kemp（モエビ科、体長10㎜）やコテツノモエビ Latreutes pygmaeus Nobili（モエビ科、体長12㎜）はアマモ場に生息している。ロウソクエビ科のロウソクエビ Processa japonica（De Haan）（体長30㎜）やサンゴロウソクエビ Processa molaris Chace（体長10㎜）もアマモ場の群落内に分布している。また、マイヒメエビ Leander tenuicornis（Say）（テナガエビ科、体長20㎜）はサンゴ礁域のガラモ場で見られる。カニ類としては、カラッパ類、ガザミ類がアマモ場の砂質地帯に時折出現する（図4-3-6f）。

　以上のように、南西諸島（奄美群島）のガラモ場もアマモ場も丈の低い種で構成されているため、葉上動物やカニ類を除く根元に生息する種は小型種で体色も生息する植物の色彩に類似した、褐色、赤みがかった褐色、緑色などを示す種が多い。これらの食性も植物が分泌する多糖質の粘液やそれに絡まる有機物、小型付着藻類、さらに植物（アマモ類が多い）本体を齧りとるなど、藻場に依存したものとなっている。しかしながら、藻場における研究

はまだ十分になされておらず、研究が進めば新たな発見が期待される生息場の1つでもある。

8．おわりに

　奄美群島の藻場とそこに生息する生き物について、沿岸生態系での位置づけや様々な生物の分布上の特性、生態系のバランスを脅かす諸問題について紹介した。特に、日本本土や沖縄以南の琉球列島の相違点について論じたが、奄美群島の海藻・海草植生は沖縄以南との類似点が多い一方で、奄美群島ではサンゴ礁生態系の緯度的な勾配が顕著に見られる点が特筆すべき点である。特に、琉球列島は、暖流の黒潮の影響を強く受けて高緯度地域に張り出した亜熱帯性生物相であり、奄美群島はその北限域に位置する。このような地域では、より低緯度の地域で普通種として優占する種類が分布北限として局所的な分布や疎生・点生となる。その一方で、これらの種類の下草であるような種類が代わって優占種となっていることから、分布北限域に固有な生物相として希少性が高いと評価できる。

　藻場は一般に、海岸線付近の沿岸域に見られることから、赤土や土砂の堆積など、陸域からの影響が常に懸念されている。また、社会基盤整備に伴うサンゴ礁リーフの埋め立て等も、藻場の生育地そのものが失われる原因の一つである。このことは、奄美群島よりも沖縄島の中南部で著しいが、奄美群島も開発次第では深刻な問題となりうる。また、近年は、海藻を採食する魚類の食害も深刻な被害となっており、藻場は急速に衰退傾向にある。これらの魚類の生態や資源動向にも注視しつつ、藻場を含めたサンゴ礁生態系そのものを長期的にモニタリングしていく必要があると考える。

（寺田竜太・山本智子・鈴木廣志）

参考／引用文献

Aioi K, Nakaoka M（2003）The seagrasses of Japan. Green E. P., Short F. T. World atlas of seagrasses. pp. 185-192. UNEP World Conservation Monitoring Centre, University of California Press, Berkeley, CA

青木優和（2003）2章　フクロエビ類は子煩悩―保育囊をもつ小さな甲殻類．朝倉 彰編著　甲殻類学―エビ・カニとその仲間の世界―．pp. 32-51．東海大学出版会．東京．

Aoki M, Kikuchi T（1991）Two types of maternal care for juveniles observed in *Caprella monoceros* Mayer, 1890 and *Caprella decipiens* Mayer, 1890（Amphipoda：Caprellidae）. Hydrobiologia.（223）：229-237．

新井章吾（2002）藻場．堀 照三・大野正夫・堀口健雄（編）21世紀初頭の藻学の現況．pp. 85-88．日本藻類学会，山形．

Arimoto I（1976）Taxonomic studies of caprellids（Crustacea, Amphipoda, Caprellidae）found in the Japanese and Adjacent waters. Special Publication, Seto Marine Biological Laboratory, Series III. 1-229．

新崎盛敏・新崎輝子（1978）海藻のはなし．228pp．東海大学出版会．東京．

Borlongan IA, Nishihara GN, Shimada S, Terada R 2017. Photosynthetic performance of the red alga *Solieria pacifica*（Solieriaceae）from two different depths in the sublittoral waters of Kagoshima, Japan. Journal of Applied Phycology.（29）：3077-3088．

林 健一（1995）コエビ下目．西村三郎（編）原色検索日本海岸動物図鑑 II．pp. 296-336．保育社．東京．

Hirayama A（1984）Taxonomic studies on the shallow water gammaridean Amphipoda of West Kyushu, Japan. III. Dexanubudae（*Polycheria* and *Paradexamine*）. Publications of Seto Marine Biological Laboratory.（29）：187-230．

Hirayama A（1985）Taxonomic studies on the shallow water gammaridean Amphipoda of West Kyushu, Japan. IV. Dexaminidae（Guernea）, Ecophiliantidae, Eusiridae, Haustoriidae, Hyalidae, Ischyroceridae. Publications of Seto Marine Biological Laboratory.（30）：1-53．

Hirayama A（1988）Taxonomic studies on the shallow water gammaridean Amphipoda of West Kyushu, Japan. VIII. Pleustidae, Podoceridae, Priscomilitaridae, Stenothoidae, Synopiidae, and Urothoidae. Publications of Seto Marine Biological Laboratory.（33）：39-77．

平山 明（1995）端脚目．西村三郎（編）原色検索日本海岸動物図鑑Ⅱ．pp. 172-193．保育社．東京．

井上 勲（2007）藻類30億年の自然史．第2版．643pp．東海大学出版会．東京

井上 勲（2012）真核生物の系統と藻類．渡邉 信（監）藻類ハンドブック．pp. 4-10．株式会社エヌティーエヌ．東京

海中公園センター（監）（1988）沖縄海中生物図鑑 第8巻 甲殻類（エビ・ヤドカリ）．新星図書出版．沖縄．232pp

河野敬史・猪狩忠光・今吉雄二・田中敏博・德永成光・吉満 敏・寺田竜太（2012）薩南諸島と近傍における温帯性および熱帯性海産顕花植物の分布．水産増殖．（60）：359-369．

川野昭太（2009）ホンダワラの種による葉上動物相の違いと海藻の形状が葉上動物相に与える影響．鹿児島大学大学院水産学研究科修士論文．49pp．

Mukai 1971 The phytal animals on the thalli of *Sargassum serratifolium* in the *Sargassum* region, with reference to their seasonal fluctuations. Marine Biology.（8）：170-182.

菊池泰二（1973）1・2藻場生態系．山本護太郎編 海洋学講座9 海洋生態学．pp. 23-37．東京大学出版会．東京．

Larkum A W, Orth R J, Duarte C（eds）（2006）Seagrasses：Biology, Ecology and Conservation. 691 pp. Springer, Dordrecht

Nishihara G N, Terada R, Noro T（2004）Photosynthesis and growth rates of *Laurencia brongniartii* J. Agardh（Rhodophyta, Ceramiales）in preparation for cultivation. Journal of Applied Phycology.（16）：303-308.

Nishihara G N, Terada R（2010）Species richness of marine macrophytes correlated to the wave exposure gradient. Phycological Research.（58）：280-292.

Nishihara G N, Terada R（2011）Examining the diversity maxima of marine macrophytes and their relationship with a continuous environmental stress gradient in the Northern Ryukyu Archipelago. Ecological Research.（26）：1051-1063.

大葉英雄（2011）サンゴ礁の植物たち．日本サンゴ礁学会（編）サンゴ礁学．pp. 177-205．東海大学出版会，東京．

大場達之・宮田昌彦（2007）日本海草図譜．114 p. 北海道大学出版会．札幌

瀬川宗吉（1956）原色日本海藻図鑑．175 pp. 保育社．東京．

新村 巌（1990）鹿児島県産海藻目録．鹿児島県水産試験場紀要．(13) 1-112．

田中次郎（2000）海藻相の調査（水平分布）．有賀祐勝・井上 勲・田中次郎・横濱康継・吉田忠生（編）藻類学 実験・実習．pp. 122-123．講談社サイエンティフィック．東京．

田中次郎（2012）藻場生態系．渡邉 信（監）藻類ハンドブック．pp. 145-151．株式会社エヌティーエヌ．東京．

田中法生（2012）異端の植物「水草」を科学する．水草はなぜ水中を生きるのか？ 315 pp. ベレ出版、東京．

寺田竜太（2011）藻場の長期モニタリング 背景と課題．海洋と生物(33)：291-297．

寺田竜太（2015）琉球列島の沿岸生態系を支える海藻・海草類．日本生態学会（編）南西諸島の生物多様性，その成立と保全．世界自然遺産登録へ向けて．pp. 44-49．南方新社，鹿児島．

寺田竜太（2016）奄美群島の海藻・海草類と生育環境の特性．鹿児島大学生物多様性研究会（編）奄美群島の生物多様性．pp. 270-277．南方新社、鹿児島．

Terada R, Watanabe Y 2016. Seaweeds and seagrasses in the Amami Islands：biodiversity and utilization. Kawai K., Terada R., Kuwahara S.（eds.）The Amami Islands：Culture, Society, Industry and Nature. pp. 107-115. Kagoshima University Research Center for the Pacific Islands. Hokuto Shobo Publishing, Tokyo.

月舘潤一・高森茂樹 1978 細ノ州におけるアマモ及びアカモクの消長とそれに付着する動植物群量の時期的変動．南西海区水産研究所研究報告書 (11)：33-46．

Uchimura M, Faye E J, Shimada S, Inoue T, Nakamura Y（2008）A reassessment of

Halophila species (Hydrocharitaceae) diversity with special reference to Japanese representatives. Botanica Marina. (51): 258-268.

山本智子・濱口昌巳・吉川浩二・寺脇利信（1999）植生の異なる実験藻場における生物群集の決定要因．水産工学．(36): 1-10.

横濱康継（1985）海の中の森の生態．247pp．講談社，東京．

吉田忠生（1998）新日本海藻誌．1222pp．内田老鶴圃，東京．

吉田忠生・鈴木雅大・吉永一男（2015）日本産海藻目録（2015年改訂版）．藻類．(63): 129-189.

第4章
水塊で暮らす生き物たち

　奄美群島の海は世界有数の高い魚類多様性を育んでいる（本村 2016）。日本全体からは 4,300 種の魚類が記録されているが、奄美大島だけで 1,600 種以上（Nakae et al. 2018）、奄美群島全域では日本の魚類の半数近くの 2,000 種ほどが生息していると推測される。この中には、環境省版海洋生物レッドリストで絶滅危惧 IA 類に指定されたサラサハタ *Chromileptes altivelis*（Valenciennes）（ハタ科）や絶滅危惧 IB 類のカンムリブダイ *Bolbometopon muricatum*（Valenciennes）（ブダイ科）（図 4-4-1）などの希少種も多く含まれる。

図 4-4-1．環境省版海洋生物レッドリストで絶滅危惧に指定されたサラサハタ（ハタ科）（写真左）とカンムリブダイ（ブダイ科）．奄美群島ではしばしば水揚げされる（サラサハタの写真は国立科学博物館提供）

　奄美群島の魚類相を概観すると、奄美大島における種の多様性は同群島内の他の島嶼より格段に高い。これは奄美大島が地勢的に最大であるというより、多様な環境を有しているからである。奄美大島に見られるマングローブ域や砂泥底の内湾的環境は同群島内の他の島嶼ではあまり見られない。そのため、奄美大島には生活史の一時期でも汽水域に依存するゴマフエダイ *Lutjanus argentimaculatus*（Forsskål）（フエダイ科）やゴマアイゴ *Siganus*

第4章　水塊で暮らす生き物たち

図4-4-2. 汽水域に依存する魚たち．これらの魚は河川が少ない与論島などには生息しない．左はゴマフエダイ（フエダイ科），右はゴマアイゴ（アイゴ科）

guttatus（Bloch）（アイゴ科）（図4-4-2）などが多く生息するが、サンゴ礁が隆起した淡水域が乏しい与論島などではこれらの魚がほとんど見られない（本村・松浦 2014）。また、沖永良部島や与論島は奄美大島と比べて浅海性のハゼ科魚類の種数が極端に少ないことがこれまでの調査で明らかになっている。これは沖永良部島や与論島の海岸線が単調であるため、台風や強い海流の影響を強く受けた際に、小型の底生魚類が定着しづらいからであると考えられる。徳之島は岩礁域が発達しており、同群島内の他の島嶼と比べてモンガラカワハギ科魚類（図4-4-3）の種数の割合が高いことが特徴的である（Mochida & Motomura 2018）。さらに、徳之島にはアンキアラインという、海岸から離れているにも関わらず地下を介して海水が入り、陸水と混ざった汽水洞窟（図4-4-4）がある。ここにはウンブキアナゴ *Xenoconger fryeri*

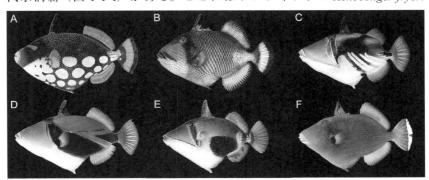

図4-4-3. モンガラカワハギ科の魚たち．徳之島には多くの種が生息する．A モンガラカワハギ；B ゴマモンガラ；C ムラサメモンガラ；D タスキモンガラ；E クラカケモンガラ；F ツマジロモンガラ

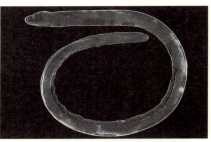

図 4-4-4. 徳之島のアンキアライン．地元ではウンブキと呼ばれる

図 4-4-5. 国内では徳之島のアンキアラインのみに生息するウンブキアナゴ（イワアナゴ科）

図 4-4-6. 沖永良部島のタイドプール

Regan（図 4-4-5）など日本でもここでしか見られない珍しい魚が生息している。

　まずは奄美群島のタイドプール（図 4-4-6）を覗いてみよう。これまでの水深 50cm 以浅のタイドプール調査において、奄美大島からは 101 種、与論島からは 111 種の魚の生息が確認された（図 4-4-7）。最も種数が多いのはハゼ科で、全魚種の 20％ほどを占める。特にクモハゼ *Bathygobius fuscus*（Rüppell）（図 4-4-7M）やベンケイハゼ *Priolepis cincta*（Regan）（図 4-4-7N）、ベニハゼ *Trimma caesiura* Jordan & Seale（図 4-4-7O）、鱗がないなど潮間帯に特化したアカヒレハダカハゼ *Kelloggella cardinalis* Jordan & Seale などが多く見られる。次に種多様性が高い魚はベラ科（図 4-4-7E〜G）、スズメダイ科（図 4-4-7C〜D）、およびイソギンポ科（図 4-4-7H〜L）であるが、このうち、ベラ科とスズメダイ科はタイドプールに生息する個体が幼魚中心であり、成長に伴い外洋に生活の場を移す。一方、イソギンポ科は幼魚から成魚まで確認され、タイドプールで生活史を完結させている種が多い。タイドプールには外敵が少ないものの、過酷な環境変化に曝されるため、水温や塩分濃度の変化、乾燥などに柔軟に適応できる魚のみが住み続けることができる。イソギンポ科は酸素不足に耐えうる生理

図 4-4-7. 奄美群島のタイドプールに生息する魚たち. A ミスジテンジクダイ（成魚　テンジクダイ科）; B フウライチョウチョウウオ（幼魚　チョウチョウウオ科）; C イソスズメダイ（幼魚　スズメダイ科）; D ミヤコキセンスズメダイ（幼魚　スズメダイ科）; E ノドグロベラ（幼魚　ベラ科）; F アカオビベラ（幼魚　ベラ科）; G ハラスジベラ（幼魚　ベラ科）; H ゴイシギンポ（成魚　イソギンポ科）; I ケショウギンポ（成魚　イソギンポ科）; J ニセカエルウオ（成魚　イソギンポ科）; K センカエルウオ（成魚　イソギンポ科）; L ヤエヤマギンポ（成魚　イソギンポ科）; M クモハゼ（成魚　ハゼ科）; N ベンケイハゼ（成魚　ハゼ科）; O ベニハゼ（成魚　ハゼ科）

機能を有しており、空気中の酸素も活用することができる。実際にタイドプールに行くと、頻繁に陸上をぴょんぴょん跳ねて移動する姿が見られる。

　環境変化に強いイソギンポ科の中でも特異的な種としてヨダレカケ

図 4-4-8. 水陸両棲魚のヨダレカケ（イソギンポ科）．写真左下はヨダレカケの採集風景（陸上で魚とり）．写真右下は口を使って貼り付いているところ

Andamia tetradactylus（Bleeker）（図 4-4-8）があげられる。ヨダレカケは"水が嫌いな魚"として有名で、奄美群島の岩場（水上）にへばりついているところをしばしば見かける。この魚は産卵でさえ水上で行うことが知られている。

図 4-4-9. 奄美大島のサンゴ礁と魚たち（大塚英俊氏撮影）

タイドプールから一歩踏み出して、奄美群島の海に潜ると、色とりどりの魚たちが乱舞している姿を目にすることができる（図 4-4-9）。一見、不規則に秩序なく混泳しているように感じるが、実際はそれぞれの生態に基づく合理的な行動の組み合わせである。例え

ば、じっくり観察すると限られた餌を確保するために種や個体ごとに特異的な行動をしていることが分かる。クロソラスズメダイ Stegastes nigricans (Lacepède)(スズメダイ科)(図4-4-10)は単独で狭い範囲をなわばりとし、そこで餌となる糸状紅藻や珪藻を"栽培"し、それ以外の藻類が生えてくるとそれを口でなわ

図4-4-10. 藻類を栽培するクロソラスズメダイ(スズメダイ科)

ばりの外へ運び、除藻する。栽培して餌として持続可能な利用をするため、糸状紅藻は常に繁茂しているが、クロソラスズメダイのなわばりの外側では同藻類が他の魚の摂餌圧に負けて繁茂できない(畑 2012)。一方、サンゴを摂餌なわばりとするチョウチョウウオ科やカイメンをなわばりとするキンチャクダイ科は雌雄のペアでなわばりを管理し、餌資源の栽培は行わないが、排他的に資源を利用するために同じ餌資源を利用する他種の排除を行う(畑 2018)。

クロソラスズメダイと糸状紅藻の関係はいわば両者にメリットがある相利共生である。奄美群島の海では他にも多くの共生する生き物が見られる。例えば、奄美群島内の浅海域のいたるところに見られるクマノミ属はイソギンチャク類(図4-4-11)と、ダテハゼ属はテッポウエビ類(図4-4-12)と共生している。イソギンチャク類は触手に魚が触れると刺胞から毒を出すが、クマノミ属は自身の体表からイソギンチャク類の成分に類似した粘液を分泌すること

図4-4-11. 共生するクマノミ(スズメダイ科)とイソギンチャク(原崎 森氏撮影)

図4-4-12. 共生するハチマキダテハゼ(ハゼ科)とテッポウエビ(内野啓道氏撮影)

によってイソギンチャク類の毒から身を守っている。クマノミ属は外敵からイソギンチャク類に守ってもらうが、イソギンチャク類の方も触手を餌とするチョウチョウウオ科などの捕食からクマノミ属に守ってもらう。さらに、イソギンチャク類は共生する褐虫藻からエネルギー源を得ているが、褐虫藻は光合成に加えて、クマノミ属の排泄物から栄養塩を得ている（服部 2011）。ダテハゼ属はテッポウエビ類に掘ってもらった巣穴に同居する。ダテハゼ属は居候させてもらう代わりに、巣穴の入り口で見張りを行い、敵が近づくと尾鰭をテッポウエビ類の触覚にあてて危険を知らせる。眼が悪く、穴堀が上手なテッポウエビ類と眼が良く、穴掘りが苦手なダテハゼ属の相利共生である。このように、特に種多様性が高い奄美群島などの熱帯・亜熱帯域では様々な分類群が密接に関わり合って生活している。

　また、相利共生とまではいかないが、奄美群島ではサンゴなどを利用して多くの小型魚類が生活している。カスリフサカサゴ *Sebastapistes cyanostigma* (Bleeker)（フサカサゴ科）やダンゴオコゼ *Caracanthus maculatus* (Gray)（ダンゴオコゼ科）は枝サンゴの隙間に潜んでおり（図 4-4-13）、サンゴがないところでの観察例は少ない。さらに、ガラスハゼ *Bryaninops yongei*（Davis &

図 4-4-13．サンゴの隙間で暮らす魚たち．写真上段はカスリフサカサゴ（フサカサゴ科）、下段はダンゴオコゼ（ダンゴオコゼ科）（水中写真：内野啓道氏撮影）

Cohen) はムチカラマツ類、アカメハゼ *Bryaninops natans* Larson は枝状ミドリイシ類、コビトガラスハゼ *Bryaninops isis* Larson はセキコクヤギ、オオガラスハゼ *Bryaninops amplus* Larson はウミスゲ類などと着生する基質が種ごとに特異的であることが多い。サンゴ礁性小型魚類の多様性は無脊椎動物の多様性に支えられていると言える。

このように特異的な基質に単独で生息している小型のハゼ類は、繁殖のために雌雄が出会う機会が少ない。そのため、同性同士が出会った場合でも繁殖できるように、どちらか一方の性が変わることが知られている。これは双方向性転換と言われ、ダルマハゼ *Paragobiodon echinocephalus*（Rüppell）（図4-4-14）などで良く知られている。双方向性転換能力をもつことで、性別にかかわらず近くにいる個体と繁殖することができ、異性を求めて移動を繰り返すことによる被食リスクを軽減させている（門田 2018）。

図 4-4-14. 双方向性転換するダルマハゼ（ハゼ科）

奄美群島のサンゴ礁や海底から中〜表層に目を移すと、ダツ科、カマス科、アジ科を中心にアカヒメジ *Mulloidichthys vanicolensis*（Valenciennes）（ヒメジ科）やカスミチョウチョウウオ *Hemitaurichthys polylepis*（Bleeker）（チョウチョウウオ科）などの群れを見ることができる（図4-4-15）。群れを形成するメリットは多く、特に被食の回避や摂餌の効率化などが知られている。種多様性が高い熱帯・亜熱帯海域においては、比較的頻繁に異種混群が形成される（図4-4-9）。特にアカヒメジとスズメダイ科、ハナダイ亜科とチョウチョウウオ科などの混群は奄美群島のいたるところ

図 4-4-15. 奄美群島で良く見られるギンガメアジ（アジ科）の群れ（内野啓道氏撮影）

で見られる。異種間でも群れを形成することによって、被食される確率が低くなる。その上、餌生物の種が互いに異なれば、摂餌の競合もなく、異種混

図 4-4-16. "ゴンズイ玉"と呼ばれるゴンズイの幼魚の群れ．群れは同腹の兄弟姉妹で構成される（内野啓道氏撮影）

群は極めて合理的な行動であるといえる。一方、奄美群島の岩礁域などに見られるミナミゴンズイ *Plotosus lineatus* (Thunberg) は幼魚期に"ゴンズイ玉"（図 4-4-16）と呼ばれる群れを形成するが、こちらは異種どころか、同種でさえも同腹の兄弟・姉妹以外は混じり合うことがない。これはフェロモンによって制御された群れだからである（本村 2015）。

　大きな群れを形成するわけではないが、異種間の随伴行動する魚も多く見られる。奄美群島では特にブダイ科やウミヒゴイ属に多くの魚が随伴する様子を観察することができる。これはブダイ科やウミヒゴイ属が摂餌中にまき散らすものからおこぼれをもらうためである。ヘラヤガラ属やヤガラ属などの遊泳餌探索型の細長い魚（図 4-4-17）は比較的大型の魚に随伴し、餌生物から物理的に隠れながら索餌する行動もしばしば見られる。

　奄美群島で調査潜水をした経験から判断すると、水中で視界に写る魚の種

図 4-4-17. ハタ類など大型の魚に随伴する遊泳餌探索型の細長い魚たち．写真上段はヘラヤガラ（ヘラヤガラ科）とハタ科（内野啓道氏撮影）、中段はヘラヤガラ、下段はアオヤガラ（ヤガラ科）

数や個体数は実際に視界内に生息するそれらのおよそ半分程度であると思われる。多くの魚が岩陰やサンゴの隙間に生息していることに加え、隠蔽色を呈した魚が多いからである。待伏型の捕食者であるフサカサゴ科やオニオコゼ科などは周辺環境に合わせて体色を変えることによって、カミソリウオ *Solenostomus cyanopterus* Bleeker（カミソリウオ科）やツマジロオコゼ *Ablabys taenianotus*（Cuvier）（ハオコゼ科）は枯葉や水中を漂うゴミに見せかけて、敵から身を守るとともに、餌生物に気が付かれないようにしている（図4-4-18）。このような魚たちを水中で認識するのはよほどの経験がないと難しい。

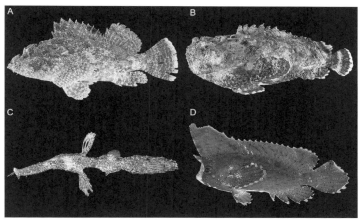

図4-4-18. 奄美群島で良く見られる擬態する魚たち．A, Bは周辺環境に紛れ込む隠蔽色を呈する魚, C, Dは枯葉など水中を漂うものに擬態する魚. A ミミトゲオニオコゼ（フサカサゴ科）; B オニダルマオコゼ（オニオコゼ科）; C カミソリウオ（カミソリウオ科）; D ツマジロオコゼ（ハオコゼ科）

上記の擬態以上に隠れ上手な魚もいる。その名もカクレウオ。カクレウオ科の魚はナマコ類やヒトデ類などの棘皮動物の"体内"に隠れているため、水中で見つけることはほぼ不可能である。奄美群島ではマンジュウヒトデ *Culcita novaeguineae* Müller & Troschel の消化管内にカザリカクレウオ *Carapus mourlani*（Petit）が住んでいることが多い（図4-4-19）。夜になると宿主から出てきて餌を食べることが知られている。

　奄美群島の海ではベイツ型擬態や攻撃擬態を示す魚も多くみられる。ベイ

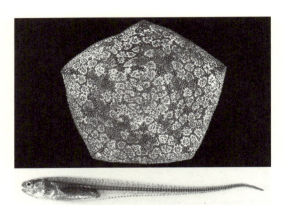

図 4-4-19. カザリカクレウオ（カクレウオ科）とマンジュウヒトデ．カザリカクレウオはマンジュウヒトデの中で暮らしている

ツ型擬態は無毒生物が有毒生物に似せることで、有毒のシマキンチャクフグ *Canthigaster valentini* (Bleeker)（フグ科）に似た無毒のノコギリハギ *Paraluteres prionurus* (Bleeker)（カワハギ科）が有名である（図 4-4-20）。一方、攻撃擬態は有益あるいは無害の魚に似せることで、餌生物を騙し、効率よく摂餌することで、ホンソメワケベラ *Labroides dimidiatus* (Valenciennes) とニセクロスジギンポ *Aspidontus taeniatus* Quoy & Gaimard の組み合わせが有名である（藤澤 2018）

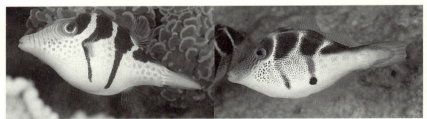

図 4-4-20. 有毒のシマキンチャクフグ（フグ科）（写真左）に対しベイツ型擬態を示す無毒のノコギリハギ（カワハギ科）（内野啓道氏撮影）

図 4-4-21. 多くの魚にとって有益なホンソメワケベラ（ベラ科）（写真左）の攻撃擬態を示すニセクロスジギンポ（イソギンポ科）（内野啓道氏撮影）

（図4-4-21）。多くの魚類はホンソメワケベラの色彩パターンからこれが掃除魚であることを認識し、捕食せずに体を託す。ホンソメワケベラは寄ってきた魚の体の寄生虫などを食べてクリーニングする（しばしば体表の粘膜まで食べてしまうが）。ニセクロスジギンポはホンソメワケベラとほぼ同じ色彩をしているため、多くの魚はホンソメワケベラと誤認して、無警戒に体を託すが、その結果、クリーニングされることはなく、鰭などをかじりとられてしまう（Fujiwara et al. 2018）。

　奄美群島には多くの真っ白で美しいビーチがあり、海中にもサンゴ由来の砂地が広がる場所がある。サンゴ礁や岩礁と比べると魚類の種多様性は低いが、瞬時に砂に潜ることができるテンス類（ベラ科）やカレイ類（ササウシノシタ科やダルマガレイ科）など興味深い種を見ることできる（図4-4-22）。砂地はサンゴ礁域などと比べて種多様性が低いがゆえに研究者があまり興味を持たなかったことや、平坦な海底が広がっており、魚に気づかれずに近寄ることが困難であることから、魚類の研究があまり進んでいない。そんな中、ここ数年で奄美大島沖の水深20～30 m付近の砂底から2新種が発見・記載された。一つは特異的な巨大円形産卵巣を作るアマミホシゾラフグ *Torquigener albomaculosus* Matsuura（フグ科）（図4-4-22F）で、2014年に記載されて以来、本種の生態学的知見は急速に蓄積されてきている（Kawase et al. 2015, 2017）。もう一つは、2018年に記載されたチンアナゴ科魚類であ

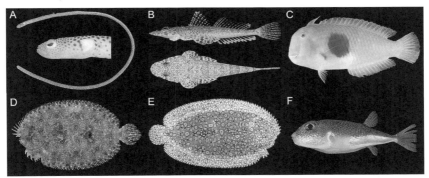

図4-4-22．奄美群島の砂地でみられる魚たち．A ニゲミズチンアナゴ（アナゴ科）；B スナゴチ（コチ科）；C ヒノマルテンス（ベラ科）；D トゲダルマガレイ（ダルマガレイ科）；E ミナミウシノシタ（ササウシノシタ科）；F アマミホシゾラフグ（フグ科）

る。本種はとても警戒心が強く、人が少しでも近づくと巣穴に隠れてしまい、離れるとまた出てくる、この性格が「逃げ水」現象に似ていることから「ニゲミズチンアナゴ Heteroconger fugax Koeda, Fujii & Motomura」と命名された（Koeda et al. 2018；図 4-4-22A）。学名（種小名）は fugax で、ギリシャ語で「恥ずかしがりの」、「内気な」、「引っ込み思案の」を意味し、英名は Shy Garden Eel と名付けられた。まさに「恥ずかしがり屋のチンアナゴ」である。

　昼間は賑やかな奄美の海であるが、夜にはまた違った海を見ることができる。昼間サンゴ礁や岩礁域で泳ぎ回っていたスズメダイ科やチョウチョウウオ科の魚たちは岩やサンゴの隙間で、ベラ科の魚たちは砂に潜って眠る。ブダイ科の一部の種は鰓から粘液を出し、粘膜の寝袋を作成し、その中で眠る。就寝中に寄生虫が体につかないようにするためである。一方、日が暮れると、昼間は岩陰に隠れていた夜行性のイットウダイ科やハタンポ科などの魚たち（図 4-4-23）が餌を求めて活動を開始する。

　奄美群島周辺に生息する深海魚についてはあまりよく分かっていない。特

図 4-4-23．奄美群島に多く見られる夜行性の魚たち．A アカマツカサ（イットウダイ科）；B ゴマヒレキントキ（キントキダイ科）；C コミナトテンジクダイ（テンジクダイ科）；D ユメハタンポ（ハタンポ科）

に小型深海魚はそれを対象とする漁業がないため、小型深海性魚類相に関する知見はほぼ無いに等しい。深場に生息する大型魚は、アオダイ *Paracaesio caerulea*（Katayama）（フエダイ科）やホシレンコ *Amamiichthys matsubarai*（Akazaki）（タイ科）（図4-4-24）など商業上重要な種が多く、これらは釣りや延縄で水揚げさる。しかし、これら大型魚も季節的な移動や旬の時期などは分かっていても、生態学的な基礎的知見はほとんど蓄積されていない。

　奄美群島における魚類の多様性とそこに生息する海洋生物の相互関係は、私たちが想像している以上に高く、そして複雑で密接であるかもしれない。今後の研究によってそれらが解き明かされることを期待するとともに、現在の多様性が失われないよう、将来に渡る生物と環境の保全が必要である。

（本村浩之）

図4-4-24. 奄美群島で漁獲される深場に生息する魚たち．A チカメキントキ（キントキダイ科）；B アオダイ（フエダイ科）；C ホシレンコ（タイ科）；D メダイ（イボダイ科）

参考／引用文献

藤澤美咲（2018）擬態．日本魚類学会 編．魚類学の百科事典．Pp. 220-221. 丸善出版．東京

Fujiwara M, Sasaki Y, Kuwamura T（2018）Aggressive mimicry of the cleaner wrasse by *Aspidontus taeniatus* functions mainly for small blennies. Ethology. 124：432-439.

畑 啓生（2012）魚による農業：サンゴ礁におけるスズメダイとイトグサとの栽培共生．種生物学研究．35：151-171.

畑 啓生（2018）摂餌なわばり．日本魚類学会編．魚類学の百科事典．Pp. 218-219．丸善出版．東京

服部昭尚（2011）イソギンチャクとクマノミ類の共生関係の多様性—分布と組み合わせに関する生態学的レビュー．日本サンゴ礁学会誌．13：1-27.

門田 立（2018）性転換の進化．日本魚類学会編．魚類学の百科事典．Pp. 290-291．丸善出版．東京

Kawase H, Mizuuchi R, Shin H, Kitajima Y, Hosoda K, Shimizu M, Iwai D, Kondo S（2017）Discovery of an rarliest-stage "mystery circle" and development of the structure constructed by pufferfish, *Torquigener albomaculosus*（Pisces：Tetraodontidae）. Fishes. doi：10.3390/fishes2030014

Kawase H, Okata Y, Ito K, Ida A（2015）Spawning behavior and paternal egg care in a circular structure constructed by pufferfish, *Torquigener albomaculosus*（Pisces：Tetraodontidae）. Bulletin of Marine Science. 91：33-43.

Koeda K, Fujii T, Motomura H（2018）A new species of garden eel, *Heteroconger fugax*（Congridae：Heterocongrinae）, from the northwestern Pacific Ocean. Zootaxa. 4418（3）：287-295.

Mochida I, Motomura H（2018）An annotated checklist of marine and freshwater fishes of Tokunoshima island in the Amami Islands, Kagoshima, southern Japan, with 202 new records. Bulletin of the Kagoshima University Museum. 10：1-80.

本村浩之（2015）刺毒魚の分類と生態．松浦啓一・長島裕二編．毒魚の自然史．毒の謎を追う．Pp. 195-217．北海道大学出版会．札幌

本村浩之（2016）世界有数の魚類多様性 The Amami Islands：one of the highest fish species diversity in the world. Pp. 26-29．鈴木英治・桑原季雄・平 瑞樹・山本智子・坂巻祥孝・河合 渓編．生物多様性と保全—奄美群

島を例に—（下）水圏・人と自然編．鹿児島大学国際島嶼教育研究センターブックレット 5．北斗書房．京都
本村浩之・松浦啓一（編）（2014）奄美群島最南端の島—与論島の魚類．鹿児島大学総合研究博物館．鹿児島・国立科学博物館．つくば．648pp.

コラム3　海の宝探し
―海綿からの毒や薬となる化学物質の探索―

　ある年の夏の日、私は奄美近海の久瀬というダイビングスポットで、スクーバのボンベを背負って少しずつ下へ潜っていた。水深10～20メートルあたりでは、太陽光が筋状にサンサンと降り注ぎ、熱帯特有のカラフルな魚の群れや周りを彩るサンゴ礁の美しさに、何をしに来たのかを忘れるくらい、心を奪われる。奄美の海中の美しさは、まさに例えようのないくらいの絶景で、何度訪れても、毎回違う景色、違う雰囲気、そして違う生き物たちのドラマを堪能できる。出来ることなら、ずーっと眺めていたい。そう思いつつも、仕事（研究）で来ていた事を思い出し、更に深く降りていく。水深30メートルを過ぎたあたりで中性浮力を調整して、移動するのを止めた。この深さになると、太陽光が届きにくくなり、昼間でも薄暗い。時折、色彩に乏しい魚がゆっくりと通り過ぎるくらいであるが、それでもダイナミックな海の魅力は十分に味わえる。向きを180度回転させた。そこには、この場所の特徴でもある海底の断崖絶壁があり、横は200メートル程、縦は深さ10メートルから50メートルまで続いていると思われる。ゆっくりと呼吸をしながら、その壁に目の焦点を合わせ、横移動しながら、じっくり観察する。壁から突起している岩みたいなものに触ってみる。モニョモニョした懐かしい触り心地。色、形も間違いない。今回、私がここに探しに来た目的のものである。中味が黄色の海綿（学名：*Theonella swinhoei*）、通称、「黄色セオネラ」である。

　海綿は、6億年前から生息する最古の多細胞動物である。岩肌に固着して生活し、突起した流入孔から一日あたり数トン単位の海水を取り込みつつ、海水中の有機微粒子や微細生物を摂取している。ウニやカニのような固い鎧（棘や甲羅）を持たず、「お魚さん、食

べてください」と言わんばかりのおいしそうで柔らかい身なりをしているのだが、不思議と食べられている形跡は、まず見かけない。これまでの研究上の知見では、海綿が捕食されない理由の一つとして、外敵（魚など）にとっては毒となる忌避物質（毒性物質）を体内に蓄えていると考えられている。もう少し詳しくお話しすると、海綿というより、海綿にくっついて一緒に生活している（共生している）共生微生物が、そのような毒性物質を生産している事も明らかになっている。

　さて、私は主に南方系の生物資源を調査し、その中に含まれる毒性物質を化合物レベルで取り出し、化学構造や生物学的知見を明らかにする研究を行っている。この研究で、将来的に薬として利用できるかもしれない化学物質を発見し、医薬の進歩に貢献することを目指している。そのような生物資源の中でも海洋生物、特に海洋無脊椎動物由来の毒性物質は、これまでに知られていなかったり、想像しえなかった変な形（化学構造）をしている場合があり、その中には治療が難しいとされた疾病に対する薬効が明らかになったものもある。すなわち、海洋生物由来の毒性物質から抗ガン剤を含めた医薬品が数多く開発されているのである。話を戻して、この黄色セオネラ、何がすごいかというと、この海綿からは驚くべき多種多様な化学物質が単離され、その化学構造や生物学的な知見が得られている。抗カビ性、抗腫瘍性などの生物活性も多様であり、また、化学構造もテルペン類、ポリケチド類、ポリペプチド類などバラエティーに富んでいる。詳しいことは、論文等（日本農芸化学会編「化学と生物」誌，49巻，755-761ページ、2011年、およびその引用文献）でご確認いただきたい。これらの化学物質に加えて、著者らは、八丈島産の黄色セオネラから「ポリセオナミド」と名付けた超強力な抗腫瘍活性（極微量でガン細胞を殺せる活性）を持つ猛毒物質を単離した（図C3-1）。今回、その化合物について、ご紹介

コラム3　海の宝探し

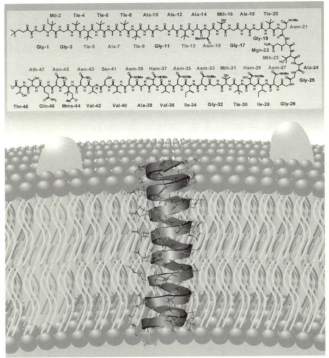

図 C3-1．ポリセオナミドの化学構造（上）とその三次元構造が生体膜に挿入するモデル図（下）．一部，「化学と生物」誌（49 巻 11 号 2011 年）より改変

したい。

　「ポリセオナミド」の化学構造は、NMR（核磁気共鳴）分光法という方法で決定した。それは、48 個のアミノ酸が直列につながったタンパク質またはペプチドと呼ばれるタイプの構造であった。タンパク質と言えば、私たちの身体の中にもたくさん含まれていることはご存知かと思うが、私たち人間や植物に含まれているタンパク質（ペプチド）は、約 20 種類の標準アミノ酸から成るのに対し、

この海綿由来のポリペプチドには、その標準アミノ酸以外の異常アミノ酸と言われるものが8種21個も含まれていた。また、これまで知られていなかった新規アミノ酸も見つかった。

　アミノ酸などの有機化合物の中には、右手と左手の関係のような「鏡像異性体（D体、L体）」が存在しうる。私たち人間を含めた陸上生物に含まれているペプチドやタンパク質のほとんどはL体（右手）の標準アミノ酸で出来ているが、海綿にはD体（左手）のアミノ酸が高頻度で含まれている。ポリセオナミドのアミノ酸は、配列上、偶数番目はL体、奇数番目はD体のアミノ酸で構成されており、D体とL体が交互につながっているという非常に珍しい構造を持っていた。

　このポリセオナミドの強い細胞毒性は、このペプチドが形成する三次元の構造が関係している。ポリセオナミドは、脂質二重膜を模した有機溶媒中で、6個のアミノ酸残基で1回転するβ-ヘリックスというラセン状の三次元構造をとっている。このβ-ヘリックスの筒状構造は、内径3〜4Å程度の大きな孔（穴）があり、一価の陽イオン（カチオン）を選択的に通す。また、軸方向の長さが45Åであり、細胞膜に突き刺さり、貫通し、細胞内部のイオンバランスを破壊する。最近の研究結果（*J. Am. Chem. Soc.* 誌，140巻，10602-10611ページ，2018年）では、ポリセオナミドは細胞内部のリソソームにも集積して、リソソームと細胞質間のpHバランスも破壊するらしく、複合的な効果で細胞を死へと導く。

　現時点でポリセオナミドは正常な細胞をも殺してしまう「猛毒」である。しかし、この孔形成毒素については、更なる構造・機能研究が行われるにつれ、分子プローブ、バイオセンサー、あるいはリポソーム封入薬剤の放出システムの道具など、さまざまなバイオナノテクノロジー分野で応用されていくことが期待される。例えば、悪性腫瘍のみにポリセオナミドを発現させ、腫瘍細胞を特異的に死

滅させることができれば、抗ガン治療にもつながるかもしれない。2010年に、米国食品医薬品局（FDA）から乳ガンの薬として承認されたエリブリン（eribulin、商品名 Halaven™）も、もともとは毒性の強いハリコンドリン B（halichondrin B）をもとに創製された。ポリセオナミドが抗ガン剤になるのも決して夢物語ではない。

　このような創薬天然物化学研究は、今なお全世界で盛んに行われている。とはいえ、調べられた生物は、まだ1％未満であることから、私達、天然物化学者がやるべき仕事はたくさん残されている。近年の地球温暖化や人間による自然破壊の影響で絶滅してしまう生物も増えてきており、その希少種の保存しつつも自然をもっと観察し、生物に含まれる有用成分に関する情報を発信し続けていきたい。

〔濵田季之〕

コラム4　魚類の神経系の多様なかたち

　魚類は種数の多さとその生息する環境の多様さにも応じてか、多様な外形と行動を示す。魚類を含め、動物が長い進化の過程で獲得した行動を含む形質は、その動物が生息する環境に適応したものだと考えられる。動物はその生存のために、外界からの様々な刺激に対して適切に行動する必要がある。刺激は感覚器によって受容され、その情報は脳や脊髄といった中枢神経系へと送られ、中枢神経系は刺激の種類や大きさの情報をもとに、それに応じた適切な出力の信号を効果器に送ることで、行動をコントロールする。魚類の多様性は、この中枢神経系のかたちにも反映されており、それには種毎に大きな違いがみられる。

　脊椎動物の脳は共通の構造を持っており、前方から終脳、間脳、中脳、小脳、延髄という部分から構成されている（図C4-1）。動物が受容した感覚の情報が最初に送られる脳の部位は、感覚の種類毎に異なっており、例えば嗅覚では終脳の前端にある嗅球、視覚では主に中脳にある視蓋、味覚では延髄の背側部分（顔面葉や迷走葉とよばれる）といった具合である。魚の種ごとにどの感覚を主に利用しているかは異なっており、それに応じて感覚情報を処理する脳のかたちや大きさに違いがみられる。南方の海域にも生息しているゴンズイ *Plotosus japonicus* Yoshino and Kishimoto やヒメジ科の魚の口の周辺には触鬚（しょくしゅ。ヒゲのこと）が生えている。この触

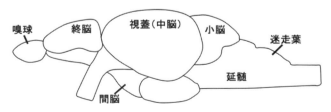

図C4-1. 真骨魚類（ゼブラフィッシュ *Danio rerio*（Hamilton））の脳のかたち

コラム 4　魚類の神経系の多様なかたち

鬚で味を感じることができ、これらの魚はそれを餌の探索に利用している。ゴンズイやヒメジ科の魚は体の表面で感じる味覚が鋭敏であり、その情報が送られる延髄の部分が目立って大きくなっている。また、コイやキンギョ *Carassius auratus*（Linnaeus）は口の中で餌を選ぶという行動を示し、それに伴って口の中で感じる味覚が鋭敏である。触鬚のような体表と口の中の味覚では、同じ延髄でも情報を処理する場所が違うため、コイやキンギョでもやはり延髄は大きいが、その形はゴンズイやヒメジ科の魚とは違っている。ホウボウ科の魚はその美しい胸鰭の前端に三対の遊離した鰭条を持っているが、これも化学感覚器として機能しており、餌の探索に利用されている。鰭からの感覚の情報はまず脊髄に送られるが、ホウボウ科の魚ではこの遊離した鰭条の情報を受け取る脊髄の前端部分が他の部分に比べて大きく膨らんでいる。その膨らみの数は鰭条の数とも一致する。このように、神経系のかたちから、その魚の生き方を窺い知ることができるのである。

（池永隆徳）

和文索引

【ア】

アオサンゴ　vi, 155, 156, 157, 161
アオダイ　221
アオヒトデ　160
アオブダイ　10
アオヤガラ　216
アカエイ　9
アカオビベラ　211
アカテガニ　46, 48, 62, 71
アカヒメジ　215
アカヒレハダカハゼ　210
アカマツカサ　220
アカメハゼ　215
アーケプラスチダ　185
アゴナガヨコエビ　202
アゴヒロカワガニ　44, 46
アザミサンゴ　164
アシナガヌマエビ　13, 49
アシナガモエビ　200
アシハラガニ　iii, 46, 49, 81
アシビロサンゴヤドリガニ　163
アツバモク　187, 189, 196
アナサンゴモドキ　155, 157
アニサキス（症）　177, 178
天草　180
奄美大島　12, 107, 108, 109
奄美（群島）　12, 106, 107, 108, 118, 119, 120, 176, 177, 179, 180, 181, 182
アマミスジホシムシモドキ　108, 119, 120
アマミスジホシムシモドキヤドリガイ　120
アマミホシゾラフグ　11, 171, 219
アマミミナミサワガニ　34, 41
アマモ（場）　150, 151, 188
アミトリセンベイサンゴ　170
アミメサンゴガニ　163
アミメノコギリガザミ　94
アヤヨシノボリ　33
アユ　37, 38
アラモトサワガニ　19
アリアケモドキ　93
アンキアライン（洞窟）　150, 209, 210

【イ】

池田岩治　107
イシガキヌマエビ　18, 50
イシサンゴ（類）　155, 156, 157, 162, 170, 180
異種混群　215, 216
異常アミノ酸　227
胃石　49
イソギンチャク（類）　155, 156, 162, 168, 213
イソゴカイ属　vii, 109, 118
イソスズメダイ　211
イチイヅタ　190
イッテンコテナガエビ　13
イトカケガイ科　181
イトメ　vii, 109
イバラカンザシ　158
疣足　106
イボイワオウギガニ　140, 141
イボショウジンガニ　140
今島　実　108
イラ　10
イリオモテヌマエビ　18, 50
イワスナギンチャク　vi, 159, 162
イワトビベンケイガニ　iii, 62, 68, 69
イワホリイソギンチャク　vi
隠蔽色　217

【ウ】

ウオジラミ類　177, 178, 179
ウオノエ類　177, 178
海　176, 181, 182
ウミエラ　157
海草　184, 185
ウミジグサ　189
ウミショウブ　193
ウミトサカ　157, 162
ウミニナ　99
ウミハリネズミ　iv, 168
ウミヒルモ　194
ウモレオウギガニ　141, 142, 143
ウリガーテナガエビ　18
ウロコムシ科　120
ウンブキアナゴ　209, 210

【エ】

栄養塩　75
エーミール・フォン・マレンツェラー　107
エコトーン　86
エリブリン　228
沿岸開発　119
沿岸道路　119
縁脚　146

縁溝　146, 195
エンタクカンザシ　107

【オ】

オウギガニ　142, 160
オオイシソウ　52
オオウナギ　32, 33
オオウミヒルモ　195
オオガラスハゼ　215
オオクチユゴイ　39
大島海峡　179, 180
大隅線　9
オオテナガエビ　13
オオトゲサンゴ　161
オオナキオカヤドカリ　62
オオバロニア　190
オオヒライソガニ　18, 44
オオメチヒロハゼ　11
オオワレカラ　200
オカガニ　iii, 70
オカヤドカリ　70
沖永良部島　109
オキチモズク　50, 51, 52
沖縄　179
オキナワアナジャコ　87, 89, 91, 93
オキナワハクセンシオマネキ　iv, 81, 89, 93
オキナワヒライソガニ　18
オキナワモズク　151, 193
オトヒメエビ　ii, 160
オニカサゴ
オニダルマオコゼ　217
オニヌマエビ　18, 37
オニヒトデ　163, 165
オヒルギ　148
オワンクラゲ　157
温帯性魚類　10

【カ】

貝（類）　107, 178, 179, 180, 181
カイアシ類　178, 179, 180, 181
海産動物　179, 180
海藻　184, 185
海綿　vi, 162, 165, 166, 167, 224, 225,227
海洋生物レッドリスト　208
化学構造　225, 226
核磁気共鳴　226
カクベンケイガニ　62
攪乱　195
カクレイワガニ　62
カクレエビ　168
カクレクルマエビ　202,
加計呂麻島　107, 108, 109

鹿児島県レッドデータブック　121
鹿児島大学　176, 180
カサゴ　9
カサノリ　190
カザリカクレウオ　181, 217, 218
カスミチョウチョウウオ　215
カスリテナガエビ　13
カスリフサカサゴ　214
カツオノエボシ　157
褐虫藻　vi, 156, 214
カドタテホシムシ　108
カマキリヨコエビ　202
カミソリウオ　217
カモフラージュ行動　202
ガラスハゼ　214
ガレバヒシガニ　168
環形動物　vii, 106, 107, 108, 119
岩礁　134, 135,
乾燥　109
環帯類　106, 108
カンムリブダイ　208

【キ】

喜界島　109
汽水　24, 25, 106, 109, 119
汽水洞窟　209
寄生（虫、虫教室、虫調査）　176, 177, 178, 179, 180, 181, 182
寄生性カイアシ類　179, 180
基礎生産　185
擬態　217, 218
北赤道海流　9, 10, 12
キバラヨシノボリ　11, 32, 33
忌避物質　225
旧北区　8, 12
共生生物　107, 119, 120
共生微生物　225
共生性二枚貝類　119
鏡像異性体　227
棘皮動物　217
裾礁　146, 147
魚類（相）　8, 9, 10, 178, 179, 181
魚類寄生虫　177, 179
キレコミゴカイ　109
キレハモク　190
ギンガメアジ　38, 40, 215
ギンタカハマ　179
ギンタカハマノハラムシ　178, 180
キンチャクガニ　iv, 168

【ク】

クシヨリメハゼ　11
クダサンゴ　156, 157

クビレズタ 193
クマノミ 213
クモガイ 160
クモガニ 168
クモハゼ 210, 211
クラカケモンガラ 209
暗川（くらごう） 27
黒潮 9, 12, 18, 19
クロソラスズメダイ 213
クロベンケイガニ 46, 48, 71, 89, 93
クロヨシノボリ 33, 39

【ケ】
ケショウギンポ 211
ケフサイソガニ 44
ケフサヒライソモドキ 44
ケヤリムシ科 vii
ケラマサワガニ 19
研究者 176, 178
懸濁物食者 75

【コ】
コアマモ 188, 195
コイ 40, 41
ゴイシギンポ 211
降河回遊型 39
甲殻類 107
抗ガン剤 225, 228
孔形成毒素 227
攻撃擬態 217, 218
紅藻 50, 51, 184
後背地 46, 48, 61
剛毛 106, 119, 120
ゴカイ（科、類） 106, 108, 119, 181
呼吸機構 85
呼吸水 85
ゴクラクハゼ 38, 39
コケムシ 168
コシマガリモエビ 200
コツノヌマエビ 18
コテツノモエビ 202
コテラヒメヌマエビ 13
ゴニオトキシン 142
コバモク 187
コビトガラスハゼ 215
古腹足亜綱 180
コブタヒラツノモエビ 202
ゴマアイゴ 208, 209
ゴマヒレキントキ 220
ゴマフエダイ 208, 209
ゴマフクモヒトデ 168
ゴマモンガラ 209
コミナトテンジクダイ 220

コモチハナガササンゴ 171
コモンサンゴ 158
固有種 10, 11
コンジンテナガエビ 37, 43

【サ】
魚 176, 177, 178, 179, 181
サカモトサワガニ 19, 34, 41
サキシトキシン 141, 142
サキシマヌマエビ 13, 49
ザクロイソハゼ 11
サザエ 179, 180
サザエノハラムシ 180
サザナミサンゴ 161
砂泥 107, 120
サバ 177
サメハダホシムシ（科） 170
サラサハタ 208
サラサバテイ 179
ザラテテテナガエビ 18, 41
サワガニ（科） 13, 18, 19, 31
サンゴ 156
サンゴガニ 163, 164
サンゴ礁（海域） 134, 136, 146, 147, 148, 150, 179, 184, 191, 195
サンゴヤドリガニ 163, 164
サンゴロウソクエビ 202
三次元構造 227

【シ】
シアノバクテリア 185
シオマネキ類 176
死殻 119
死サンゴ 119, 120
脂質二重膜 227
糸状紅藻 213
止水域 12
シノハラリュウキュウイタチウオ 10
シマキンチャクフグ 218
シマチスジノリ 50, 51, 52
シマヨシノボリ 33, 38, 39
市民講座 182
シモフリシオマネキ iv, 93
ジャイアントケルプ 189
シャコガイ 162
ジャノメナマコ 160, 181
周縁性淡水魚 31
宿主 120, 121, 177, 179, 180, 181, 217
種多様性 76
種分化 8, 12, 19
種名未確定種 108, 109, 120
純淡水（魚、種） 12, 19, 31, 32, 40
純淡水魚類相 11

小河川　　109
障壁　　8
礁原　　146, 147, 150
礁池　　146, 147, 148, 150
礁嶺　　146, 148, 184
ショキタテナガエビ　　18
食物連鎖　　75
シラヒゲウニ　　160
シルト　　151
シレナシジミ　　94, 95, 96, 97
深海魚　　220
新参異名　　108
新種（記載）　　119, 179, 180

【ス】
巣穴　　120, 121
水衝部　　27
随伴行動　　216
スジエビ　　13
スジホシムシ（科、属）　　119
スジホシムシモドキ（属）　　vii, 119, 120, 121
スジユムシ　　121
スズメダイ　　159, 164
スツボサンゴ　　170, 171
スツボサンゴツノヤドカリ　　170, 171
スナギンチャク　　162, 165
スナゴチ　　219
スナハゼ　　11
スネナガエビ　　13, 44
スベスベテナガエビ　　13
スベスベマンジュウガニ　　140, 141, 142

【セ】
成育場　　43
星口動物　　106, 108
生態系機能　　75
生物多様性　　181
生物地理（区）　　8, 12, 19, 77
節足動物　　107
絶滅危惧　　121, 208
ゼブラガニ　　iv, 160
センカエルウオ　　211
穿孔　　119
漸深帯　　186
蠕虫　　106
センベイサンゴ　　169

【ソ】
双方向性転換　　215
相利共生　　213, 214
足糸　　120
ソゾノハナ　　195

卒業研究　　176
ソフトコーラル　　157

【タ】
堆積物食者　　75
体節構造　　106, 119, 120
タイドプール　　134, 137, 138, 210, 211
タイプ産地　　107, 121
タイヨウノスナ　　167
タイワンキンギョ　　11
タイワンヒライソモドキ　　44, 46
タカセガイ　　179
タカセガイノハラムシ　　178, 180
タスキモンガラ　　209
タテジマユムシ　　vii, 121
種子島　　180
タマキレバモク　　187, 190
多毛類　　106, 107, 108
ダルマハゼ　　215
ダンゴオコゼ　　214
淡水　　106, 109
単生類　　178

【チ】
地下水　　109
チカヌマエビ　　13
チカメキントキ　　221
チゴイワガニ　　83
チゴガニ　　78, 89
チチブモドキ　　43
チュラシマモク　　190
チュラテナガエビ　　18
潮下帯　　58
潮間帯　　58, 108, 109, 119, 186
潮上帯　　61
チョウチョウウオ　　164
チンヨウジュオ　　164

【ツ】
ツノダシコノハガニ　　200
ツノナガヌマエビ　　41
ツノメガニ　　iii, 83, 85
ツノメチゴガニ　　83, 89
ツノモエビ　　200
ツブテナガエビ　　13
ツブヒラアシオウギガニ　　141, 142
ツマジロオコゼ　　217
ツマジロモンガラ　　209

【テ】
デコレーション行動　　202
テッポウエビ類　　213
デトライタス　　34

索引

テトロドトキシン　　141, 142
テナガエビ（科）　　13, 31, 34
テルピオス・ホシノータ　　vi, 166
天然記念物　　51
転石　　109, 134, 135

【ト】

ドウクツヌマエビ　　13
島嶼　　181
東洋区　　8, 12
通し回遊（種）　　12, 31
トカラ海峡　　8, 12
徳之島　　109
トゲアシヒライソガニモドキ　　44, 46
トゲウミヒルモ　　194
トゲタテホシムシ　　108
トゲダルマガレイ　　219
トゲナシヌマエビ　　18, 34, 41, 43
トゲホホヨコエビ　　202
トンプソンチョウチョウウオ　　10

【ナ】

ナアサリ・エリア　　70
ナガウニ　　160
ナガツノヌマエビ　　13
ナガノゴリ　　39
ナガミル　　191
ナガレモエビ　　202
ナキオカヤドカリ　　68, 70
ナタマメケボリ　　120
ナマコウロコムシ　　vii
軟体動物　　107

【ニ】

ニオウミドリイシ　　161
ニゲミズチンアナゴ　　171, 219, 220
ニセカエルウオ　　211
ニセクロスジギンポ　　218, 219
ニセクロナマコ　　160
ニセモズガニ　　13
ニホンウナギ　　33
日本初記録種　　121
日本未記録種　　109

【ヌ】

ヌマエビ（科）　　18, 31, 34, 37, 43

【ネ】

ネオサキトキシン　　141
熱帯性種　　120
ネッタイテナガエビ　　13

【ノ】

ノコギリハギ　　218
ノドグロベラ　　211
ノリクラケヤリ　　107

【ハ】

バイオセンサー　　227
廃棄物　　72
ハクセンシオマネキ　　93
ハサミカクレガニ　　120
ハチジョウヒライソモドキ　　13
蜂須賀線　　12, 13, 18
ハチマキダテハゼ　　213
八放サンゴ　　155, 156, 157, 162, 180
ハナヤサイサンゴ　　161
ハマガニ　　46, 49, 93
ハマサンゴ　　158, 159, 171
早瀬　　27, 29
パラサイトモンスター　　182
ハラスジベラ　　211
パラモン　　176, 182
ハリコンドリンB　　228

【ヒ】

ビーチロック　　134, 136, 139
ヒイラギモク　　197
干潟　　107, 109, 118, 119, 120, 176
ヒトエグサ　　191
ヒドロサンゴ　　155, 157
ヒノマルテンス　　219
飛沫（転石）帯　　61, 62, 63, 68, 72, 73
ヒメアシハラガニ　　46, 49
ヒメアシハラガニモドキ　　46, 49
ヒメオカガニ　　62, 70
ヒメケフサイソガニ　　62
ヒメシオマネキ　　iv, 81
ヒメテングサ　　196
ヒメヌマエビ　　41, 44
ヒメヒライソモドキ　　13, 46
ヒメナガオサガニ　　83
ヒメヤマトオサガニ　　78, 83, 94
ヒメヤマトカワゴカイ　　vii, 109
ヒメユリサワガニ　　19
ヒモイカリナマコ　　121
標準和名　　180
標本　　107, 108, 109, 119, 121
ビョウホシムシ　　108
ヒラアシテナガエビ　　13
ヒライソガニ　　18, 44
平瀬　　27, 29
ヒラツノモエビ　　200
ヒラテテナガエビ　　18, 34, 41, 43
ヒラメ　　9

ヒラモクズガニ（属）　13, 44
ヒラヨシノボリ　32, 33
ヒル類　106
貧栄養　149
貧毛類　106

【フ】
フィリピンハナビラガイ　120
フウライチョウチョウウオ　211
フエダイ　172
フサゲモクズ　200
フタアシモクズ　200
フタハオサガニ　83
フタバカクガニ　48
フタモチヘビガイ　159
フデノホ　191
フトユビスジエビ　13, 44
フナ　40, 41
分散　8
分子プローブ　227
分布　8
分類学的（研究、検討）　108, 109, 119, 120
分類群　180

【ヘ】
ベイツ型擬態　217, 218
β-ヘリックス　227
ベニアマモ　188, 194
ベニシオマネキ　iv, 81
ベニシリダカ　179, 180
ベニシリダカノハラムシ　180
ベニハゼ　210, 211
ヘラモエビ　200
ヘラヤガラ　216
ベンケイガニ　iii, 46, 48, 62, 68, 71
扁形動物　178
ベンケイハゼ　210, 211

【ホ】
ボウズハゼ　32, 33
ボウバアマモ　194
ホシズナ　167
ホシミシ（類）　106, 107, 108, 119, 120, 157, 170
ホシレンコ　11, 221
ホソエダアナサンゴモドキ　vi, 155
ホソシンジュクレウオ　181
ホソモエビ　200
ホソヨコエビ　202
ホヤ　162
ポリセオナミド　225, 226, 227, 228
ホンコンシオマネキ　81

ホンソメワケベラ　218, 219
ホンベラ　9

【マ】
マイヒメエビ　202,
マガキガイ　154, 160
マクリ　193
マジリモク　187, 189, 190, 196
マハゼ　9
マングローブ　148, 176, 184
マングローブヌマエビ　13
マンジュウヒトデ　181, 217, 218

【ミ】
ミカゲサワガニ　13, 18, 19
未記載種　109
ミスジテンジクダイ　211
ミゾレヌマエビ　37, 43
箕作佳吉　107
ミドリイシ　vi, 155, 158, 159, 161
ミナミアカイソガニ　62
ミナミアシハラガニ　iii, 46, 49
ミナミイワガニ　140
ミナミウシノシタ　219
ミナミウミサボテン類　180, 181
ミナミオカガニ　70
ミナミオニヌマエビ　13, 37, 43
ミナミクロダイ　38, 40
ミナミコメツキガニ　iv, 78, 79, 80, 85, 94
ミナミゴンズイ　216
ミナミスナガニ　83, 85
ミナミテナガエビ　37, 43
ミナミヌマエビ　13, 18
ミナミヒメシオマネキ　81
ミナミフサツキウロコムシ　107
ミナミベニツケガニ　83
ミネイサワガニ　19
ミノガイ　168
ミミズ類　106
ミミトゲオニカサゴ　217
三宅線　12, 13, 18, 19
ミヤコキセンスズメダイ　211
ミリン　195

【ム】
ムシノスチョウジガイ　170, 171
無脊椎動物　106
ムラサキオカガニ　iii, 62, 69, 70
ムラサキオカヤドカリ　iii, 62, 68, 70
ムラサキサワガニ　19
ムラサメモンガラ　209

索引

【メ】
メソフォティックリーフ　150
メダイ　221
メナガオサガニ　83
メヒルギ　148

【モ】
モクズガニ　18, 41
藻場　184, 185, 186
モンガラカワハギ　209

【ヤ】
ヤエヤマギンポ　211
ヤエヤマシオマネキ　iv, 81, 93
ヤエヤマヒメオカガニ　62, 68, 69
ヤエヤマヒルギシジミ　87
役勝川　176
屋久島　180
ヤクシマサワガニ　19
ヤコウガイ　154
ヤシガニ　iii, 70
ヤツマタモク　197
宿主　120, 121, 177, 179, 180, 181, 217
ヤバネモク　187, 190
ヤマトウミヒルモ　195
ヤマトオサガニ　83
ヤマトヌマエビ　34, 41

【ユ】
有機堆積物　34
ユウゼン　10
ユゴイ　38, 39, 40
ユビアカベンケイガニ　89
ユミガタオゴノリ　193
ユムシ（動物、類）　106, 107, 108, 120
ユメハタンポ　220
ユンタクシジミ　120

【ヨ】
葉上動物　197, 200
ヨダレカケ　211, 212
ヨツハモガニ　200

【ラ】
ラッパウニ　160
ラッパモク　187, 190, 196

【リ】
リアス式海岸　149
理学部　176
陸水（域）　12, 24, 25
リソソーム　227
リュウキュウアカテガニ　46, 48
リュウキュウアマモ　188, 194
リュウキュウアユ　33, 37, 38, 40, 43, 172
リュウキュウキッカサンゴ　161
リュウキュウコメツキガニ　78, 89
リュウキュウサクラガイ　94, 97, 98
リュウキュウサワガニ　19, 41
リュウキュウシオマネキ　iv, 81
リュウキュウスガモ　188, 194
リュウキュウハナダイ　11
リュウキュコメツキガニ　78, 89
リュウグウヒメヌマエビ　13
流心　27, 44
粒度　59
両側回遊（型、魚、種）　8, 12, 18, 32, 33, 39, 41, 43

【ル】
ルートウィヒ・デーデルライン　107

【ロ】
ロウソクエビ　202

【ワ】
ワカメ　187
渡瀬線　8, 9, 12, 13, 18, 19
ワンド　28

英文・学名索引

【A】
Ablabys taenianotus 217
Acanthaster planci 163, 165
Acanthogobius flavimanus 9
Acanthopagrus sivicolus 40
Acetabularia ryukyuensis 190
Aequorea coerulescens 157
Alionematichthys shinoharai 10
Amamiichthys matsubarai 11, 221
Amamiku amamensis 34
Andamia tetradactylus 212
Anguilla japonica 33
Anguilla marmorata 33
Antecaridina lauensis 13
Aspidontus taeniatus 218
Atergatis floridus 140
Atyoida pilipes 13
Atyopsis spinipes 18
Austruca lactea 93
Austruca perplexa iv, 81
Austruca triangularis iv, 93

【B】
Baculogypsina sphaerulata 167
Bathygobius fuscus 210, 211
Batillaria multiformis 99
Birgus latro iii, 70
Bohadschia argus 160, 181
Bolbometopon muricatum 208
Breviturma dentata 168
Bruguiera gymnorrhiza 148
Bryaninops amplus 215
Bryaninops isis 215
Bryaninops natans 215
Bryaninops yongei 214
Bulbonaricus brauni 164

【C】
Cabillus pexus 11
Calcarina gaudichaudii 167
Canthigaster valentini 218
Caprella kroyeri 200
Caracanthus maculatus 214
Caranx sexfasciatus 40
Carapus mourlani 181, 217, 218
Carassius sp. 40
Cardisoma carnifex 70, 71
Caridina celebensis 13
Caridina gracilirostris 13
Caridina grandirostris 41

Caridina laoagensis 13
Caridina leucosticta 37
Caridina multidentata 34
Caridina prashadi 13
Caridina propinqua 13
Caridina rubella 13
Caridina serratirostris 41
Caridina typus 18
Caulerpa lentillifera 193
Caulerpa taxifolia 190
Ceraesignum maximum 158
Chaetodon daedalma 10
Chasmagnathus convexus 46
Chiromantes dehaani 46
Chiromantes haematocheir 46
Choerodon azurio 10
Chromileptes altivelis 208
Cladosiphon okamuranus 151, 193
Codium cylindricum 191
Coenobita brevimanus 62
Coenobita cavipes 70
Coenobita purpureus iii, 62
Coenobita rugosus 68
Compsopogon caeruleus 52
Conomurex luhuanus 154. 160
Culcita novaeguineae 181, 217, 218
Cyclograpsus integer 62
Cymodocea rotundata 188, 194
Cymodocea serrulata 188, 194
Cyprinus carpio 40

【D】
Deiratonotus cristatus 93
Digenea simplex 193
Diogenes heteropsammicola 170, 171
Discoplax hirtipes iii, 70

【E】
Eleotris acanthopoma 43
Emil von Marenzeller 107
Enhalus acoroides 193
Epigrapsus notatus 62
Epigrapsus politus 62
eribulin 228
Ericthonius pugnax 202
Eriocheir japonicus 18
Eriphia ferox 140
Eviota rubrimaculata 11

【F】
Furtipodia petrosa 168

【G】
Gaetice depressus 18
Gaetice ungulates 18
Galaxea fascicularis 164
Gastrolepidia clavigera vii
Gecarcinus lateralis 71
Gecarcoidea lalandii iii, 62
Gecarcoidea natalis 71
Gelasimus borealis 81
Gelasimus jocelynae 81
Gelasimus vocans iv, 81
Gelidiophycus freshwateri 196
Gelonina erosa 87
Geograpsus grayi 62
Geothelphusa amagui 19
Geothelphusa aramotoi 19
Geothelphusa dehaani 13
Geothelphusa exigua 13
Geothelphusa marginata marginata 19
Geothelphusa marmorata 19
Geothelphusa minei 19
Geothelphusa obtusipes 19
Geothelphusa sakamotoana 19
Geothelphusa tenuimanus 19
Goniopora stokesi 171
Gracilaria arcuata 193
Grapsus albolineatus 140

【H】
Halichoeres tenuispinis 9
halichondrin B 228
Halocaridinides trigonophthalma 13
Halodule uninervis 189
Halophila decipiens 194
Halophila major 195
Halophila nipponica 195
Halophila ovalis 194
Hayashidonus japonicus 202
Hediste atoka vii
Helicana japonica 46
Helice tridens iii, 46
Heliopora coerulea 155, 156, 157, 161, vi
Hemigrapsus penicillatus 44
Hemigrapsus sinensis 62
Hemitaurichthys polylepis 215
Hemitaurichthys thompsoni 10
Hemitrygon akajei 9
Heptacarpus geniculatus 200
Heptacarpus pandaloides 200
Heptacarpus rectirostris 200

Heteroconger fugax 220
Heterocyathus aequicostatus 170, 171
Heteropenaeus longimanus 202
Heteropsammia cochlea 170, 171
Hippolyte ventricosa 202
Hirsutodynomene spinoisa iv, 168
Holothuria leucospilota 160
Hormophysa cuneiformis 187, 190
Hyale barbicornis 200

【I】
Ilyograpsus nodulosus 83
Ilyoplax pusilla 78

【J】
Jassa slatteryi 202

【K】
Kandelia obovata 148
Kelloggella cardinalis 210
Kraemeria sexradiata 11
Kuhlia marginata 39
Kuhlia rupestris 39

【L】
Labroides dimidiatus 218
Lambis lambis 160
Latreutes acicularis 200
Latreutes laminirostris 200
Latreutes planirostris 200
Latreutes porcinus 202
Latreutes pygmaeus 202
Laurencia brongniartii 195
Leander tenuicornis 202
Leptodius exaratus 142
Leptoseris amitoriensis 170
Linckia laevigata 160
Listriolobus sorbillans vii
Litigiella pacifica 120
Lobophyllia 161
Ludwig Heinrich Philipp Döderlein 107
Lutjanus argentimaculatus 208, 209
Lybia tesselata iv, 168

【M】
M. serenei 83
Macrobrachium australe 18
Macrobrachium equidens 13
Macrobrachium formosense 37
Macrobrachium gracilirostre 13
Macrobrachium grandimanus 13
Macrobrachium lar 37
Macrobrachium latidactylus 13

Macrobrachium lepidactyloides 13
Macrobrachium miyakoense 18
Macrobrachium nipponense 13
Macrobrachium placidulum 13
Macrobrachium shokitai 18
Macrobrachium sp. 18
Macrobracium japonicum 18
Macrocystis pyrifera 189
Macrophthalmus banzai 78
Macrophthalmus convexus 83
Macrophthalmus japonicus 83
Macrophthalmus microfylacas 83
Macropodus opercularis 11
Metasesarma obesum iii, 62
Mictyris guinotae iv, 78
Millepora intricata 155, vi
Monostroma nitidum 191
Mortensenella forceps 120
Mulloidichthys vanicolensis 215

[N]
Nemalionopsis tortuosa 50, 51, 52
Neocaridina dendiculata 13
Neocaridina iriomotensis 18
Neocaridina ishigakiensis 18
Neocaridina sp. 18
Neomeris annulata 191
Neosarmatium indicum 46
Nipponomysella aff. subtruncata 122
NMR 226

[O]
Obliquogobius megalops 11
Ocypode ceratophthalmus iii, 83
Ocypode cordimana 83
Onuxodon fowleri 181

[P]
Palaemon concinnus 13
Palaemon debilis 13
Palaemon macrodactylus 13
Palaemon paucidens 13
Palythoa tuberculosa 162, vi
Panaietis doraconis 180
Panaietis incamerata 180
Panaietis satsuma 180
Panaietis yamagutii 180
Paracaesio caerulea 221
Paradexamine barnardi 202
Paragobiodon echinocephalus 215
Paraleptuca crassipes iv, 81
Paralichthys olivaceus 9
Parallorchestes ochotensis 200

Paraluteres prionurus 218
Parapyxidognathus deianira 44
Parasesarma pictum 62
Parasesarma tripectinis 89
Paratya compressa 18
Patinapta ooplax 121
Perinereis vii, 109, 118
Perisesarma bidens 48
Physalia physalis 157
Plagusia tuberculata 140
Platypodia granulosa 141
Plecoglossus altivelis altivelis 37
Plecoglossus altivelis ryukyuensis 33, 172
Plotosus lineatus 216
Pontogeneia rostrata 202
Priolepis cincta 210, 211
Processa japonica 202
Processa molaris 202
Pseudanthias taira 11
Pseudocryptochirus viridis 163
Pseudohelice subquadrata iii, 46
Pseudopythina aff. nodosa 120
Pseudopythina ochetostomae 120
Ptilohyale barbicornis 200
Ptychognathus altimanus 44
Ptychognathus barbatus 44
Ptychognathus capillidigitatus 13
Ptychognathus hachijyoensis 13
Ptychognathus ishii 44
Pugettia quadridens 200

[R]
Rhinogobius brunneus 33
Rhinogobius giurinus 39
Rhinogobius nagoyae 33
Rhinogobius sp. DL 33
Rhinogobius sp. MO 33
Rhinogobius sp. YB 11, 32

[S]
Sabellidae vii
Salpocola tellinoides 120
Sargassum alternato-pinnatum 190
Sargassum aquifolium 187, 189, 196
Sargassum carpophyllum 187, 189, 190, 196
Sargassum ilicifolium 197
Sargassum patens 197
Sargassum polycystum 187
Sargassum polyporum 187, 190
Sargassum ryukyuense 190
Scarus ovifrons 10
Scopimera ryukyuensis 78

Scorpaenopsis cirrosa　9
Scylla serrata　94
Sebastapistes cyanostigma　214
Sebastiscus marmoratus　9
Sesarmops intermedius　iii, 46
Sicyopterus japonicus　33
Siganus guttatus　208, 209
Simocarcinus rostratus　200
Siphonosoma　vii, 119
Siphonosoma funafuti　119
Sipunculus　119
Sipunculus amamiensis　119
Solenostomus cyanopterus　217
Solieria pacifica　195
Spirobranchus corniculatus-complex　158
Stegastes nigricans　213
Stenopus hispidus　ii, 160
Syringodium isoetifolium　194

【T】
Tectes conus　179
Tectes pyramis　179
Tectus niloticus　179
Telmatactis sp.　vi
Terpios hoshinota　166, vi
Thalamita crenata　83
Thalassia hemprichii　188, 194
Thalassina anomala　87
Theonella swinhoei　224
Thorea gaudichaudii　50, 51, 52
Tmethypocoelis choreutes　83, 89
Torquigener albomaculosus　11, 171, 219
Toxopneustes pileolus　160
Trapezia areolata　163
Trapezia cymodoce　163
Tridentiger kuroiwae　39
Trigonothir rostratus　200
Trimma caesiura　210, 211
Tripneustes gratilla　160
Tubipora musica　156, 157
Tubuca coarctata　iv, 81
Tubuca dussumieri　iv, 81
Turbinaria ornata　187, 190, 196
Turbo marmoratus　154
Turbo sazae　179
Tylorrhynchus osawai　vii

【U】
Undaria pinnatifida　187
Utica borneensis　13
Utica gracilipes　13

【V】
Valonia ventricosa　190
Varuna litterata　18

【X】
Xenoconger fryeri　209, 210

【Z】
Zebrida adamsii　iv, 160
Zostera japonica　188, 195
Zostera marina　188
Zosymus aeneus　141

■執筆者紹介

池永隆徳　Takanori Ikenaga
1975年、大分県生まれ。現在、鹿児島大学理工学域理学系助教。専門は魚類を対象とした神経生物学。2004年、広島大学大学院生物圏科学研究科後期博士課程修了。コロラド大学博士研究員、NIH訪問研究員、兵庫県立大学大学院生命理学研究科助教を経る。主な著書に『魚類学の百科事典』（分担、丸善出版）、『Handbook of the Cerebellum and Cerebellar Disorders』（分担、Springer）、『Zebrafish, Medaka, and Other Small Fishes』（分担、Springer）など。

上野大輔　Daisuke Uyeno
1981年、東京で生まれ育つ。現在、鹿児島大学学術研究院理工学域理学系助教。広島大学大学院生物圏科学研究科にて博士（農学）を取得後、琉球大学理学部、フロリダ自然史博物館などでの研究員を経る。専門は寄生性カイアシ類の分類学。国内外の熱帯～亜熱帯域を中心に学術調査を行い、研究を進める。最近は寒冷地、極域における寄生性カイアシ類の種多様性研究にも着手。

上野綾子　Ryoko Ueno
1987年、兵庫県生まれ。鹿児島大学大学院水産学研究科修士課程修了、現在、同大学院連合農学研究科博士課程。専門は干潟に生息する底生生物群集及びその生態について。

遠藤雅大　Masahiro Endo
1995年、徳島県生まれ。現在、鹿児島大学水産学部水産学科4年。

河合渓　Kei Kawai
1963年、愛知県生まれ。現在、鹿児島大学国際島嶼教育研究センター教授。専門は海洋生物学。1993年、北海道大学水産学研究科後期博士課程単位取得退学。主な著書に『奄美群島の生物多様性−研究最前線からの報告−』（分担、南方新社）、『生物多様性と保全−奄美群島を例に−』（分担、北斗書房）、『The Islands of Kagoshima』（分担　Hokuto Shobou）など。

川瀬誉博　Takahiro Kawase
1994年、大阪府生まれ。現在、鹿児島大学大学院水産学研究科修士2年。

木下そら　Sora Kinoshita
1996年、京都府生まれ。現在、鹿児島大学水産学部水産学科4年。

久米 元　Gen Kume
1974年、佐賀県生まれ。現在、鹿児島大学農水産獣医学域水産学系准教授。専門は魚類生態学。2002年、東京大学大学院農学生命科学研究科博士課程修了。主な著書に『奄美群島の生物多様性　研究最前線からの報告』（分担、南方新社）、『奄美群島の外来生物　生態系・健康・農林水産業への脅威』（分担、南方新社）、『サメのなかま』（分担、朝倉書店）など。

佐藤正典　Masanori Sato
1956年、広島市生まれ。現在、鹿児島大学理工学域理学系教授。専門は底生生物学、多毛類分類学。1983年、東北大学大学院理学研究科生物学専攻博士後期課程修了。主な著書に『海をよみがえらせる－諫早湾の再生から考える』（岩波書店）、『有明海の生きものたち：干潟・河口域の生物多様性』（編著、海游舎）、『干潟の絶滅危惧動物図鑑：海岸ベントスのレッドデータブック』（分担、東海大学出版会）、『寄生と共生』（分担、東海大学出版会）、『水俣学講義』（分担、日本評論社）など。

鈴木廣志　Hiroshi Suzuki
1954年、東京都生まれ。現在、鹿児島大学農水産獣医学域水産学系教授、同大学附属図書館長兼務。専門は甲殻類学、水圏生態学。1983年、九州大学大学院理学研究科後期博士課程単位取得退学。主な著書に『かごしま自然ガイド　淡水産のエビとカニ』（西日本新聞社）、『川の生きもの図鑑－鹿児島の水辺から－』（分担、南方新社）、『天草の渚　浅海性ベントスの生態学』（分担、東海大学出版会）、『エビ・カニ・ザリガニ－淡水甲殻類の保全と生物学－』（分担、生物研究社）、『奄美群島の生物多様性　研究最前線からの報告』（分担、南方新社）など。

田中正敦　Masaatsu Tanaka
1987 年、東京都生まれ。現在、鹿児島大学大学院理工学研究科技能補佐員。専門は海産環形動物の分類学。2015 年、東邦大学大学院理学研究科博士後期課程修了、博士（理学）。主な著書に『平成 28 年 理科年表 第 89 冊』（分担、丸善出版）、『動物学の百科事典』（分担、丸善出版）、など。

寺田竜太　Ryuta Terada
1970 年、北海道出身。現在、鹿児島大学大学院連合農学研究科教授。専門は藻類学、水産植物学。北海道大学大学院水産学研究科博士課程修了、博士（水産学）。高知県技術吏員、ハワイ大学マノア校植物学科研究員、鹿児島大学水産学部助手、准教授等を経る。環境省・絶滅のおそれのある野生生物の選定・評価検討会（レッドリスト）蘚苔類・藻類・地衣類・菌類分科会委員、環境省モニタリングサイト1000 沿岸域モニタリング検討会委員等を歴任。主な出版物に、環境省（編）レッドデータブック 2014 植物 II（蘚苔類，藻類，地衣類，菌類）。

冨山清升　Kiyonori Tomiyama
1960 年、神奈川県生まれ。現在、鹿児島大理工学研究科理学部門准教授。2018 年より鹿児島大学共通教育センター准教授兼務。専門は軟体動物の生態と分類。東京都立大学大学院理学研究科博士課程修了、理学博士。日本学術振興会特別研究員 PD、環境省国立環境研究所・地球環境問題部門・野生生物保全研究チーム研究員、茨城大学理学部地球生命環境科学科助手などを経る。主要著書：『鹿児島県レッドデータブック第二版－．動物編．貝類』、『新農学大事典・有害軟体動物の被害と対策』、『生態学事典・島の生物保全』、『外来種ハンドブック・島嶼、島嶼における外来種問題』、『ジーニアス英和大事典・軟体動物（貝類）関連項目』など。

濱田季之　Toshiyuki Hamada
1968 年、鹿児島県生まれ。現在、鹿児島大学大学院理工学研究科准教授。専門は天然物化学。1996 年に東京大学大学院農学生命科学研究科（博士課程）修了。米国イリノイ大学、理化学研究所の研究員を経て、2006 年 6 月より現職。著書に『最大の天然物ポリセオナミド B の構造』（2011 年、「化学と生物」誌、49 巻、755-761 ページ）など。

藤井琢磨　Takuma Fujii

1987年、茨城県つくば市生まれ。現在、鹿児島大学総合科学域総合研究学系国際島嶼教育研究センター（奄美分室）特任助教。専門は六放サンゴ類（特にスナギンチャク目とイソギンチャク目）の進化系統学と分類。2014年、琉球大学理工学研究科修了、博士（理学）。沖縄県水産課非常勤、沖縄科学技術大学院大学ポストドクトラルスカラーを経て、2015年より現職。主な著書に『大浦湾の生きものたち－琉球弧・生物多様性の重要地点、沖縄島大浦湾』（分担、南方新社）など。

本村浩之　Hiroyuki Motomura

1973年、静岡県生まれ。現在、鹿児島大学総合研究博物館教授。専門は魚類分類学。2001年、鹿児島大学大学院連合農学研究科修了。博士（農学）。主な編著・監修書に『Threadfins of the world』、『魚類標本の作製と管理マニュアル』、『Fishes of Yakushima Island』、『Fishes of Terengganu』、『日本のベラ大図鑑』、『硫黄島・竹島の魚類』、『Fishes of Gulf of Thailand』、『与論島の魚類』、『学研の図鑑 LIVE・魚』、『若冲の描いた生き物たち』、『なぜ？の図鑑　魚』、『南九州頴娃の海水魚』、『鹿児島市の川魚図鑑』、『Market fishes of Panay』、『鹿児島湾の魚類』、『内之浦の魚類』、『怪魚・珍魚大百科』、『魚類学の百科事典』、『はっけんずかんプラス深海の生き物』などがある。

山本智子　Tomoko Yamamoto

1966年、兵庫県生まれ。現在、鹿児島大学水産学部教授。専門は海洋生態学（主に底生無脊椎動物を対象とする）。1996年、京都大学大学院理学研究科博士課程修了、博士（理学）。主な著書に『群集生態学の現在』（分担、京都大学学術出版会）、『奄美群島の生物多様性　研究最前線からの報告』（分担、南方新社）、『動物学の百科事典』（分担、丸善出版）など。

米沢俊彦　Toshihiko Yonezawa

1970年、鹿児島県生まれ。現在、鹿児島県環境技術協会研究員。鹿児島大学理学部生物学科卒。1997年より現職。鹿児島県内各地の水生生物の調査に携わっている。

奄美群島の水生生物
―山から海へ 生き物たちの繋がり―

発 行 日	2019年3月25日 第1刷発行
編　　者	鹿児島大学生物多様性研究会
発 行 者	向原祥隆
ブックデザイン	鈴木巳貴
発 行 所	株式会社 南方新社
	〒892-0873 鹿児島市下田町292-1
	電　話　099-248-5455
	振替口座　02070-3-27929
	URL http://www.nanpou.com/
	e-mail info@nanpou.com
印 刷・製 本	株式会社 イースト朝日

定価はカバーに表示しています　乱丁・落丁はお取り替えします
ISBN978-4-86124-401-8 C0045
© 鹿児島大学生物多様性研究会 2019, Printed in Japan

奄美群島の野生植物と栽培植物
◎鹿児島大学生物多様性研究会
定価（本体 2800 円＋税）

世界自然遺産の評価を受ける奄美群島。その豊かな生態系の基礎を作るのが、多様な植物の存在である。本書は、植物を「自然界に生きる植物」と「人に利用される植物」に分け、19 のトピックスを紹介する。

奄美群島の外来生物
—生態系・健康・農林水産業への脅威—
◎鹿児島大学生物多様性研究会
定価（本体 2800 円＋税）

奄美群島は熱帯・亜熱帯の外来生物の日本への侵入経路である。農業被害をもたらす昆虫や、在来種を駆逐する魚や爬虫類、大規模に展開されたマングース駆除や、ノネコ問題など、外来生物との闘いの最前線を報告する。

奄美群島の生物多様性
—研究最前線からの報告—
◎鹿児島大学生物多様性研究会
定価（本体 3500 円＋税）

奄美の生物多様性を、最前線に立つ鹿児島大学の研究者が成果をまとめる。森林生態、河川植物群落、アリ、陸産貝、干潟底生生物、貝類、陸水産エビとカニ、リュウキュウアユ、魚類、海藻……。知られざる生物世界を探求する。

写真でつづるアマミノクロウサギの暮らしぶり
◎勝 廣光
定価（本体 1800 円＋税）

奥深い森に棲み、また夜行性のため謎に包まれていたアマミノクロウサギの生態。本書は、繁殖、乳ねだり、授乳、父ウサギの育児参加、放尿、マーキング、鳴き声発しなど、世界で初めて撮影に成功した写真の数々で構成する。

奄美の絶滅危惧植物
◎山下 弘
定価（本体 1905 円＋税）

世界中で奄美の山中に数株しか発見されていないアマミアワゴケなど貴重で希少な植物たちが見せる、はかなくも可憐な姿。アマミエビネ、アマミスミレ、ヒメヤマコナスビほか 150 種。幻の花々の全貌を紹介する。

鹿児島環境学Ⅰ
◎鹿児島大学 鹿児島環境学研究会
定価（本体 2000 円＋税）

21 世紀最大の課題である環境問題。本書は、研究者をはじめジャーナリスト、行政関係者等多彩な面々が、さまざまな切り口で「鹿児島」という地域・現場から環境問題を提示するものである。

鹿児島環境学Ⅱ
◎鹿児島大学 鹿児島環境学研究会
定価（本体 2000 円＋税）

本書は、鹿児島・奄美を拠点とする研究者、ジャーナリスト、行政関係者が、それぞれの立場から奄美の環境・植物・外来種・農業・教育・地形・景観についての現状・課題を論じ、遺産登録への道筋を模索するものである。

鹿児島環境学Ⅲ
◎鹿児島大学 鹿児島環境学研究会
定価（本体 2000 円＋税）

最後の世界自然遺産候補地・奄美群島（琉球諸島）、中でも徳之島は、照葉樹林がまとまって残る森林、豊富な固有種など、最も注目すべき島である。本書は、鹿児島・奄美を拠点とする研究者らが奄美の最深部・徳之島に挑む。

ご注文は、お近くの書店か直接南方新社まで（送料無料）
書店にご注文の際は「地方小出版流通センター扱い」とご指定下さい。